サイエンスライブラリ 数学＝34

テキスト 微分積分
－電子ファイルがサポートする学習－

押川 元重 著

サイエンス社

サイエンス社のホームページのご案内
http://www.saiensu.co.jp
ご意見・ご要望は　rikei@saiensu.co.jp　まで.

はじめに

　微分積分は多くの学問分野，産業技術，社会技術において用いられている．それは，微分積分を用いることによって説明でき，対応できることが世の中にたくさんあるからである．微分積分学は厳密な論理にもとづいて整合性を備えて構築されている．それらは人類の知の結晶ともいえるものである．

　本書は，できるだけ高いレベルを目指して，できるだけ易しく，しかも，ダイナミックに微分積分学を学ぶことを目標にして説明を詳しくしている．すなわち，微積分学の論理の流れを見ないで学習するならば，表面的な理解に終わり，自信が持てる理解には至らないであろう．他方，すべての論理を確認しながら微積分学を学ぶことが望ましいことであるとしても，それでは微積分学の豊かな内容の一部分だけを学習して終わることになりかねない．本書は，微分積分学の論理の流れに沿いながら，しかも，微分積分学の柔軟な学習ができるようにつくられている．

　本書には，通常の内容に加えて次のような内容を含めている．数学の専門家をめざす人に限らずそうした議論があることを知っていただきたいからである．
　（1）微分積分学の基盤である数は，加減乗除の計算を含めた論理的な整合性を持っていること．
　（2）有理数の全体は可付番無限集合であるが，無理数の全体は可付番無限集合ではないこと．
微分積分学の基盤である実数は有理数と無理数からなりたっているが，そのことのイメージをよりはっきりつかむためである．
　（3）正数の実数乗の構成．
これはあたりまえのこととして，それを前提に議論を展開しても構わないが，その構成を見れば実数の性質が深く関わっていることが明らかになる．
　（4）複素数を用いた三角関数の導入．
この方法を用いると，三角関数についてのたくさんある公式を覚える必要がな

くなるであろう．

(5) 逆三角関数．

多項式関数，分数関数，無理関数，指数関数，対数関数，三角関数の微積分は高校で学ぶことになっているが，それらに逆三角関数が加わることによって，微分積分の対象になる関数の範囲が大きく広がる．

(6) 関数の極限についての ϵ-δ 論法と数列の極限についての ϵ-N 論法．

極限を取り扱う微積分学の基礎といえる論法である．解析学において重要な一様性の概念を理解するうえで不可欠であるが，一般には習得が容易でないといわれている．さまざまな工夫を凝らすことができるので面白いと思っていただけることを期待する．

ただし，これらの内容のすべてを習得していただくことを本書では必ずしも意図していない．

できるだけ高いレベルの学習を柔軟に学習するという本書の目標を実現するために，本テキストのほかに，それを補って詳しく説明した電子ファイルを準備した．ほとんどの定理の証明と演習問題の解答は電子ファイルに掲載されている．電子ファイルではできるだけ行を空けながら詳しく記述するよう心がけたので，論理の一歩一歩を丁寧に納得しながら学習を進めることも可能である．また，テキストを中心に論理の流れを大まかにつかみながら学習することも可能であろう．きちんと説明されている場所を確認して学習するならば，後になってその部分を学習することも可能である．

電子ファイルをプロジェクターで映写することによって，講義や小人数ゼミを進めることもできる．特に講義で利用するときは，丁寧にゆっくりと説明する項目といくらかスピードを上げた説明をする項目とを織り交ぜることができる．もちろん板書との併用も考えられる．説明を繰り返すことも容易にできるし，説明されている場所を具体的に示しながら，説明を省略することもできる．電子ファイルに記載されているいくつかの定理の証明や問題の解答を学生に覚えさせる方法を採用するならば，数式と数学論理への慣れを育て，集中性の高い授業ができるであろう．

電子ファイルは下記の URL からダウンロードできる．なお，必要になった修正などを電子ファイルにおいて逐次行うので見ていただきたい．

http://www.saiensu.co.jp　（パスワードは bisekif です）

はじめに

　さらに，数学概念の理解を助けるために，できるだけたくさんの例題を掲載した．また，総合的な理解を促進するために章末問題を付け，それらの詳しい解答例を電子ファイルに掲載した．

　本書により，多様な学習者のそれぞれの学習目標に適応して効果的な学習成果があがることを願うものである．なお，本書の前半は放送大学福岡学習センターの数学勉強会での講義録がもとになっている．原稿を読み通していただき貴重な意見を頂いた南正義さんと，たくさんの助言をいただいたサイエンス社の田島伸彦さんに感謝する．

2013 年 3 月 　　　　　　　　　　　　　　　　　　押　川　元　重

目 次

第1章 数と文字式 1
- 1.1 分 数 と 小 数 1
- 1.2 有理数と無理数 4
- 1.3 可付番無限集合 5
- 1.4 文 字 式 7
- 1.5 数の計算（和，差，積，商） 8
- 1.6 多 項 式 10
- 1.7 2 項 展 開 13
- 1.8 区 間 16
- 1.9 実数の連続性の公理 16
- 1.10 数列とその極限値 20
- 1.11 数 直 線 20

第2章 関 数 22
- 2.1 関数とその表し方 22
- 2.2 関数の定義域と値域 23
- 2.3 関数のグラフ 24
- 2.4 関数の極限値と連続関数 25
- 2.5 正数 a の実数 x 乗 a^x 28
- 2.6 指数関数 $y = a^x$ 32
- 2.7 対 数 32
- 2.8 対数関数 $y = \log_a x$ 36
- 2.9 ネイピアの数 e 37
- 2.10 複 素 数 と e^{xi} 38
- 2.11 三角関数 $\sin x$ と $\cos x$ 43

目 次　　　　　　　　　　　　　　　　　　　　　　　　　　v

　　2.12　2 章章末問題 49

第 3 章　導 関 数 **50**
　　3.1　導関数とその表し方 50
　　3.2　導関数の求め方 50
　　3.3　公式を用いた導関数の求め方 52
　　3.4　合成関数の導関数 54
　　3.5　指数関数，対数関数，三角関数の導関数 55
　　3.6　導関数の意味と微分 59
　　3.7　逆関数とその導関数 61
　　3.8　逆三角関数とそれらの導関数 64
　　3.9　2 次導関数 68
　　3.10　n 次導関数 69
　　3.11　3 章章末問題 70

第 4 章　導関数の応用 **71**
　　4.1　平均値の定理 71
　　4.2　関数の増加減少と関数の 1 次近似 72
　　4.3　関数の 2 次近似式と関数の極大値・極小値 75
　　4.4　テーラーの定理 78
　　4.5　不定形の極限値 79
　　4.6　4 章章末問題 80

第 5 章　不 定 積 分 **81**
　　5.1　原始関数と不定積分 81
　　5.2　不定積分の公式 82
　　5.3　不定積分の計算 84
　　5.4　逆三角関数に関わる不定積分 88
　　5.5　変数分離形の微分方程式 92
　　5.6　同次形の微分方程式 93
　　5.7　1 階線形微分方程式 94
　　5.8　5 章章末問題 96

第6章 定積分 ... **98**

- 6.1 定積分の計算 ... 98
- 6.2 定積分の定義 ... 102
- 6.3 定積分の性質 ... 105
- 6.4 曲線とその長さ ... 106
- 6.5 6章章末問題 ... 108

第7章 多変数関数の偏導関数 ... **110**

- 7.1 2変数関数の偏導関数 ... 110
- 7.2 合成関数の偏導関数 ... 112
- 7.3 2次偏導関数 ... 118
- 7.4 2変数関数の2次近似式 ... 120
- 7.5 2変数関数の極値 ... 121
- 7.6 陰関数と条件付き極値 ... 127
- 7.7 n変数関数の極値 ... 129
- 7.8 7章章末問題 ... 130

第8章 重積分 ... **132**

- 8.1 2重積分の計算 ... 132
- 8.2 2重積分の定義 ... 136
- 8.3 2重積分の変数変換公式 ... 140
- 8.4 曲面とその曲面積 ... 143
- 8.5 n重積分 ... 148
- 8.6 8章章末問題 ... 148

第9章 関数の極限値と数列の極限値 ... **150**

- 9.1 $\epsilon > 0$ に対して $\delta > 0$ を求める ... 150
- 9.2 関数の極限値の ϵ-δ 論法による定義 ... 151
- 9.3 関数の極限値についての性質 ... 153
- 9.4 $\epsilon > 0$ に対して自然数 N を求める ... 153
- 9.5 数列の極限値の ϵ-N 論法による定義 ... 154
- 9.6 数列の極限値についての性質 ... 155

	9.7	関数の極限値と数列の極限値の関係	156
	9.8	2変数関数の極限値	156

第10章　実数の連続性の公理と連続関数の性質 158
10.1	実数の連続性の公理	158
10.2	収束部分列	159
10.3	コーシー列	159
10.4	有限被覆	160
10.5	デデキント切断	160
10.6	連続関数の性質	162
10.7	座標平面上の有界閉集合	163
10.8	2変数連続関数の性質	164

索　引 166

第1章
数 と 文 字 式

1.1 分 数 と 小 数

個数，もしくは，順番を表す

$$1, 2, 3, 4, 5, 6, 7, \cdots, 100, \cdots, 1000, \cdots$$

を**自然数**という．自然数は限りなくたくさんある（無限）．このことが数の世界を豊かにし，複雑にもする．

2つの自然数 n, m で表せる分数 $\frac{m}{n}$ は，分子 m を分母 n で割り算することによって，小数で表すことができる．

例 1.1. 分数を小数で表す．

(1) $\quad \frac{1}{2} = 0.5$

(2) $\quad \frac{1}{3} = 0.3333333333333\cdots$ （3 が続く）

(3) $\quad \frac{1}{4} = 0.25$

(4) $\quad \frac{1}{5} = 0.2$

(5) $\quad \frac{1}{6} = 0.16666666666\cdots$ （6 が続く）

(6) $\quad \frac{1}{7} = 0.142857142857142857\cdots$ （142857 が繰り返す）

(7) $\quad \frac{1}{11} = 0.09090909090909090\cdots$ （09 が繰り返す）

(8) $\quad \frac{1}{13} = 0.076923076923076923\cdots$ （076923 が繰り返す）

例 1.1 の分数の中には，ある桁で割り切れて止まるもの（**有限小数**という）

と，何桁かの数の並びが無限に繰り返して続くもの（**無限循環小数**という）とがある．ただし，有限小数も，0 が無限に繰り返し続く無限循環小数と考えることができる．

2 つの自然数 n, m で表せる分数 $\frac{m}{n}$ は無限循環小数（有限小数も含めた意味での）になるということはここに掲げたいくつかの具体例でみたにすぎない．しかし，このことに例外は無い．例外がないことを示すには，このような分数が無限にたくさんあるので一つ一つについて確かめるという方法ではだめである．論理によって確かめることが必要である．その論理による説明は次の通りである．

分子の自然数 m を分母の自然数 n で割っていくとき，各桁に出てくる余りは $0, 1, 2, 3, \cdots, n-1$ の n 通りである．したがって，それより多い $n+1$ 桁分の割り算をすれば，そこに出てくる $n+1$ 個の余りの中には必ず同じ余りが出る．同じ余りが出たあとの割り算は，まったく同じ計算の繰り返しになるから，無限に循環する．つまり，無限循環小数が得られる．

例 1.2. 分数 $\frac{9}{7}$ について，無限循環小数になることを確かめる．

```
            ★             ★
        1.  2  8  5  7  1  4  2
    7 ) 9.
        7
        2  0  ★
        1  4
           6  0
           5  6
              4  0
              3  5
                 5  0
                 4  9
                    1  0
                       7
                       3  0
                       2  8
                          2  0  ★
```

★ で繰り返す．

問題 1.1. 分数 $\frac{25}{13}$ を小数になおせ．

1.1. 分数と小数

逆に，無限循環小数は，2つの自然数 n, m で表せる分数 $\frac{m}{n}$ になる．このことを，例で説明する．

例 1.3. 182 が続く無限循環小数 $25.3182182182182\cdots$ を考え，$S = 25.3182182182182\cdots$ (a) とおく．3桁が循環しているので，両辺に 1000 をかけると，$1000S = 25318.218218218218\cdots$ (b) となる．等式 (b) の両辺から等式 (a) の両辺をそれぞれ引くと $999S = 25292.9$ を得る．ゆえに，$S = \frac{25292.9}{999} = \frac{252929}{9990}$ となる．

以上の議論は，$25.3182182182182\cdots$ という数だからなりたつ議論ではなく，どのような無限循環小数についても，循環する桁数に応じて一部を修正することによってなりたつ議論である．したがって，すべての無限循環小数は「自然数割る自然数」になるといえる．

問題 1.2. 無限循環小数 $9.123412341234\cdots$ を「自然数割る自然数」の形にせよ．

有限小数になるものについては，

$$\frac{1}{2} = 0.49999999999\cdots$$

$$\frac{1}{4} = 0.24999999999\cdots$$

などのように，9が無限に繰り返し続く形の小数で表すことができる．これは，割り算を行ってある桁で割り切れるところを，あえて余りを残す割り算を続けることによって得られる．

例 1.4. 分数 $\frac{1}{4}$ について，割り切れても割り切らない割り算をする．

```
           0. 2 4 9 9 9
       4 ) 1. 0
           8
           2 0
           1 6
               4
               3 6
                 4 0
                 3 6
                   4 0
```

しかし，0.499999999⋯ は 0.5 と同じ数である．表し方が違うだけである．なぜなら，0.5 と 0.4999999⋯ はどちらも，数列

$$0, 49, 0.499, 0.4999, 0.49999, 0.499999, 0.4999999, \cdots$$

が限りなく近づく数だからである．このように 2 通りの小数で表すことができるのは，有限小数だけである．

1.2　有理数と無理数

整数とは，自然数と，数 0 と，自然数にマイナス符号をつけた数を合わせたものである．

$$\cdots, -4, -3, -2, -1, 0, 1, 2, 3, 4, \cdots$$

整数 m を自然数 n で割った数 $\frac{m}{n}$ を**有理数**という．有理数は正の有理数と負の有理数と 0 からなっている．

前節の議論から，有理数であれば（プラスマイナスの符号付の）無限循環小数であり，無限循環小数であれば有理数である．このことを有理数であることと無限循環小数であることは同値であるという．無限循環しない小数で表せる数を**無理数**という．$\sqrt{2} = 1.41421356\cdots$ は無理数である．つまり，無限循環小数にならない．このことは，$\sqrt{2}$ が自然数分の自然数として表せると仮定して矛盾を導くことによって確かめることができる．$\sqrt{2}$ が無理数であることの証明は電子ファイルで示す．

例 1.5. 次はいずれも無限循環していないから無理数である．

(1)　　1.01001000100001000001⋯
　　　　（0 の個数を 1 個ずつ増やしている．）

(2)　　135.7911131519212325272931⋯
　　　　（奇数を順番に並べている．）

(3)　　0.12357111317192329313741434753⋯
　　　　（素数を順番に並べている．）

(4)　　0.04234223342223334222233334⋯
　　　　（2 のつながりも 3 のつながりも個数を 1 個ずつ増やし，間に 4 を入

れている.)

数学において特に重要な役割を果たす無理数は円周率 π と 2.9 節で学ぶネイピアの数 e である.

$$\pi = 3.14159265358979323846264338327950288\cdots,$$
$$e = 2.718281828459045235360287471352\cdots.$$

1.3 可付番無限集合

整数の全体は無限集合であるが,たとえば次のように整数の全体に番号を付けることができる.

0 を第 1 番とする.1 を第 2 番とする.-1 を第 3 番とする.2 を第 4 番とする.-2 を第 5 番とする.このように自然数 n を第 $2n$ 番とし,負の整数 $-n$ を第 $2n+1$ 番とするやりかたですべての整数に番号を付けることができる.

番号	1	2	3	4	5	6	7	8	9	10	11	$\cdots$	$2n$	$2n+1$	$\cdots$
整数	0	1	-1	2	-2	3	-3	4	-4	5	-5	$\cdots$	n	$-n$	$\cdots$

整数の全体に番号を付けることができたが,このことをもって,整数全体の集合は**可付番無限集合**であるという.

小数で表すことができる数を**実数**という.実数は有理数と無理数とからなる.実数は,また,正の実数と負の実数と 0 からなる.有理数の全体は無限集合であるが,次がなりたつ.

定理 1.1. 有理数の全体は可付番無限集合である.

証明. 正の有理数の全体は次のように 1 列に並べることができる.

$$\frac{1}{1}, \frac{1}{2}, \frac{2}{1}, \frac{1}{3}, \frac{2}{2}, \frac{3}{1}, \frac{1}{4}, \frac{2}{3}, \frac{3}{2}, \frac{4}{1}, \frac{1}{5}, \frac{2}{4}, \frac{3}{3}, \frac{4}{2}, \frac{5}{1}, \frac{1}{6}, \frac{2}{5}, \frac{3}{4}, \frac{4}{3}, \frac{5}{2}, \frac{6}{1}, \cdots$$

はじめに分母と分子を加えて 2 になる分数は 1 個だけだからそれを並べ,次に分母と分子を加えて 3 になる分数は 2 個だからそれらを並べ,次に,分母と分子を加えて 4 になる分数は 3 個だからそれらを並べるというように並べている.分母も分子も自然数になる分数はすべてこの列の中に現れることになる.ただし,この列の中には同じ数が重複して現れるので,重複したときは飛ばして書かないことにすると,

$$\frac{1}{1},\frac{1}{2},\frac{2}{1},\frac{1}{3},\frac{3}{1},\frac{1}{4},\frac{2}{3},\frac{3}{2},\frac{4}{1},\frac{1}{5},\frac{5}{1},\frac{1}{6},\frac{2}{5},\frac{3}{4},\frac{4}{3},\frac{5}{2},\frac{6}{1},\frac{1}{7},\frac{3}{5},\frac{5}{3},\frac{7}{1},\cdots$$

と重複することなく正の有理数の全体を1列に並べることができる．1列に並べることができたということは，正の有理数の全体に番号を付けることができるということである．

有理数の全体，すなわち，正の有理数と 0 と負の有理数の全体も次のように 1 列に並べることができる．

$$0, \frac{1}{1}, -\frac{1}{1}, \frac{1}{2}, -\frac{1}{2}, \frac{2}{1}, -\frac{2}{1}, \frac{1}{3}, -\frac{1}{3}, \frac{3}{1}, -\frac{3}{1}, \frac{1}{4}, -\frac{1}{4}, \frac{2}{3}, -\frac{2}{3}, \frac{3}{2}, -\frac{3}{2}, \frac{4}{1}, -\frac{4}{1}, \cdots$$

はじめに，0 を，次に正の有理数の 1 番の数を，次にそれにマイナスを付けた数を，次に正の有理数の 2 番の数を，次にそれにマイナスを付けた数を，という具合に並べている．つまり，正の有理数で n 番であった数は $2n-1$ 番に，それにマイナスを付けた数は $2n$ 番に並べている．これによって，有理数の全体に番号を付けることができた．　　　　　　　　　　　　　　（証明終）

実数の全体については次がいえる．

定理 1.2. 実数の全体は可付番無限集合ではない．つまり，実数の全体に番号を付けることはできない．

この定理の証明は電子ファイルで示す．実数の全体の集合が可付番無限集合であると仮定して矛盾を導くという証明を行う．定理**??**と定理 1.2 から次がいえる．

定理 1.3. 無理数の全体は可付番無限集合でない．

この定理の証明は電子ファイルに示す．有理数の全体も無理数の全体もともに無限集合であるが，有理数の全体は可付番集合，無理数の全体は可付番集合でないということになった．このことは，無理数全体の集合のほうが有理数全体の集合よりも，無限のレベル（程度）が高い集合であるということを意味する．

補足 1. 有理数の全体の集合が可付番集合であることは，有理数の全体と自然数の全体は 1 対 1 に対応させることができることを意味する．また，実数の全体の集合が可付番集合でないことは，実数の全体と自然数の全体は 1 対 1 に対応させることができないことを意味する．無限のレベルが実数全体の集合と可付番無限集合の中間にある

集合が存在するかという問題，つまり，実数の全体とも 1 対 1 に対応させることができず，自然数の全体とも 1 対 1 に対応させることができない実数の集合が存在するかという問題が考えられる．この問題に対して，そのような集合が存在したとしても，存在しないとしても数学の議論に矛盾は生まれないことをゲーデル (1940) とコーエン (1963) が証明した．これは数学の中で真偽の決着をつけることができない数学の問題があるということである．

1.4 文 字 式

文字式における文字は，数を一般的に表すものである．これを**代数**という．代数によって人間の思考は大きく拓けてくる．代数の有効性をあらためて確認するために，算数の 1 つの問題を考えてみる．

例 1.6 (算数の問題)．お母さんが子供たちのためにケーキを買いに行きました．1 個 300 円のケーキを子供の人数分買うとすると，手持ちのお金が 40 円余ります．1 個 320 円のケーキを子供の人数分買うとすると，手持ちのお金で 60 円足りません．子供の人数と手持ちのお金はいくらだったでしょう．

未知数を用いた解答：子供の人数を x として，手持ちのお金を考えると，$300x+40 = 320x-60$ がなりたつ．この方程式を解けば，$-20x = -100$, $x = 5$. したがって，子供の人数は 5 人で，手持ちのお金は，$300 \times 5 + 40 = 1540$ 円である．

未知数を使わない算数による解答：手持ちのお金が 60 円多かったとする．320 円のケーキはちょうど子供の人数分買える．300 円のケーキを子供の人数分買うと 100 円余る．つまり，ケーキの値段の差 20 円についての子供の人数分が 100 円であるので，$100 \div 20 = 5$ となり，子供の人数は 5 人で，手持ちのお金は，$320 \times 5 = 1600$, $1600 - 60 = 1540$ 円である．

未知数を用いない解答は，「手持ちのお金が 60 円多かったとする」という，問題を解くためのテクニックが必要である．未知数を用いるというレベルの高い考え方をすれば，こうしたテクニックが必要でなくなり，より容易であり，しかも，確実な思考を可能にする．

次節において，文字式を用いることによって，一般的で，しかも，論理的な思考ができることの例を示す．数学ではさまざまな数学記号を用いるが，それによって一般的で論理的な，しかも，いっそう複雑な思考を可能にする．

1.5 数の計算（和，差，積，商）

文字式で表すと，数の和と積について，計算規則
(1)　　$a + b = b + a$
(2)　　$a \times b = b \times a$
がなりたつ．これは数の計算において，$2+3=3+2$, $2\times 3 = 3\times 2$ 等がなりたつことを，文字式を用いることによって一般的に表現したものである．また，0と1は特別な数であり，
(3)　　$a + 0 = a$
(4)　　$a \times 1 = a$
がなりたつ．

積 $a \times b$ は記号 $\times$ を省略して ab で表すことができる．ただし，数字については 23 は 2×3 ではなく $2\times 10 + 3$ であり，$2\frac{1}{3}$ は $2\times \frac{1}{3}$ ではなく $2 + \frac{1}{3}$ である．また，$2 \times a$ は $2a$ と書くことができるが，$a \times 2$ は $a2$ とは書かない．

いくつもの計算をするときは，計算の順序が大切になるので，計算の順序を示すため，括弧を用いる．括弧の中を先に計算すること，和差よりも積商の計算を先にすること，それ以外は書かれた順序に計算することが計算における約束である．
(5)　　$(a+b)+c = a+(b+c)$
(6)　　$(a \times b) \times c = a \times (b \times c)$
がなりたつ．つまり，これらの場合は計算の順序に関係しないので括弧を外すことができて，それぞれ，$a+b+c$, abc と書くことができるが，差や商の計算が混じると括弧は重要になる．

正数 a に対して，負数 $-a$ は $a+x=0$ をみたす数 x のことである．したがって，$a+(-a)=0$ がなりたつ．このように数0を用いることによって，負の数を考えることができるようになり，2つの数の差をいつでも考えることができるようになった．数0は5〜6世紀にインドで発見され，ヨーロッパで使われるようになったのは12世紀頃である．ピタゴラスやアリストテレスは0を知らなかったのである．

商は積の逆演算である．すなわち，$b \div a$（あるいは，$\frac{b}{a}$）とは，$a \times x = b$ をみたす数 x のことである．

1.5. 数の計算（和，差，積，商）

したがって，0 で割ることはできない．なぜなら，$b \div 0$ は

$$0 \times x = b$$

をみたす数 x のことであるが，$b \neq 0$ のときはこのような数 x は存在しない．また，$b = 0$ のときは，あらゆる数 x について $0 \times x = 0$ がなりたつのでこのような数 x は 1 つに定まらないからである．また，

$$a \div \frac{b}{c} = a \times \frac{c}{b} \quad (\text{ただし}, b \neq 0, c \neq 0)$$

と計算してよい．なぜなら，$x = a \div \frac{b}{c}$ とおくと，割り算の意味から $\frac{b}{c} \times x = a$ がなりたつ．両辺に $\frac{c}{b}$ をかけると，$x = a \times \frac{c}{b}$ を得る．したがって，$x = a \div \frac{b}{c} = a \times \frac{c}{b}$ となるからである．

計算規則にはこのような論理的な整合性があるため，正しく守る限り信じて使ってきてもよかったわけである．

もう一つ重要な計算規則は和と積が混じったときの，

(7)　$a(b+c) = ab + ac$

(8)　$(a+b)c = ac + bc$

である．これを**分配の法則**という．

数の計算においては計算規則 (1)〜(8) がなりたっている．これらを用いて，次の計算規則 (9) を導くことができる．

(9)　$a \times 0 = 0$

なぜなら，

$$\begin{aligned}
a \times 0 &= a \times 0 + 0 \\
&= a \times 0 + (a \times 1 - a \times 1) \\
&= (a \times 0 + a \times 1) - a \times 1 \\
&= a(0 + 1) - a \times 1 \\
&= a \times 1 - a \times 1 = 0
\end{aligned}$$

ここでは，計算規則 (1)〜(8) のみを用いている．

また，数の計算規則 (1)〜(9) を用いて，次の計算規則を導くことができる．

(10)　$(-a) \times (-b) = a \times b$

なぜなら，

$$
\begin{aligned}
(-a) \times (-b) &= (-a) \times (-b) + 0 \\
&= (-a) \times (-b) + 0 \times b \\
&= (-a) \times (-b) + (-a + a) \times b \\
&= (-a) \times (-b) + (-a) \times b + a \times b \\
&= (-a)(-b + b) + a \times b \\
&= (-a) \times 0 + a \times b \\
&= 0 + a \times b = a \times b
\end{aligned}
$$

ここでは計算規則 (1)〜(9) のみを用いている．

　以上のことは，計算規則 (1)〜(8) が一貫してなりたつような計算をする限り，負数と負数をかけると正数にならざるを得ないということである．つまり，負数と負数の積は正数として計算することによって，計算規則 (1)〜(8) が破れるといったことは起こらないのである．教えられ，無意識のうちに使うようになっている計算規則の整合性を文字式を用いることにより確認してきた．自然数から始まり，0 が加わり，負の数や分数や小数が数の仲間に加わった．このように数の概念が拡大していくにあたって，計算規則の整合性が保たれてきたのである．

　量を抽象化したものが数であり，量の計算を数の計算で行える場合が多い．しかし，1ℓ の塩と 1ℓ の水を合わせても 2ℓ の塩水にならないように，量の計算にいつでも数の計算が適用できるわけではない．

1.6　多　項　式

　数を一般的に文字で表すとき，変化する数を表す変数の場合と変化しない数を表す定数の場合がある．ただし，変数を定数と見る場合や，定数を変数と見る場合もあり，両者は必ずしも固定されたものではない．

　$2x + 1$ や $x - 3$ などを **1 次式** という．1 次式は一般に 2 個の定数 a, b を用いて，$ax + b$ で表せる．$x^2 + 2x - 3$ や $2x^2 - x + 3$ などを **2 次式** という．2 次式は一般に 3 個の定数 a, b, c を用いて，$ax^2 + bx + c$ で表せる．$x^3 - 3x^2 + 2x - 1$ や $x^3 - 1$ などを **3 次式** という．3 次式は一般に 4 個の定数 a, b, c, d を用いて，$ax^3 + bx^2 + cx + d$ で表せる．4 次式，5 次式，$\cdots$ も考えることができる．n 次式は $n + 1$ 個の定数 $a_0, a_1, a_2, \cdots, a_n$ を用いて，

1.6. 多項式

$$a_n x^n + a_{n-1} x^{n-1} + \cdots + a_2 x^2 + a_1 x + a_0$$

で表せる．これらを総称して**多項式**と呼ぶ．多項式は自然数と同じように加算，減算，乗算，余りのある除算を考えることができる．

例 1.7. (1) 加算については，たとえば，3次式 $x^3 + x^2 - 7x - 3$ と1次式 $2x + 1$ の和は，

$$(x^3 + x^2 - 7x - 3) + (2x + 1) = x^3 + x^2 - 5x - 2$$

(2) 減算については，たとえば，3次式 $x^3 + x^2 - 5x - 2$ と1次式 $2x + 1$ の差は，

$$(x^3 + x^2 - 5x - 2) - (2x + 1) = x^3 + x^2 - 7x - 3$$

(3) 乗算については，たとえば，2次式 $x^2 - 2x - 1$ と1次式 $x + 3$ の積は，

$$(x^2 - 2x - 1)(x + 3) = x^3 - 2x^2 - x + 3x^2 - 6x - 3 = x^3 + x^2 - 7x - 3$$

(4) 除算については，たとえば，3次式 $x^3 + x^2 - 5x - 2$ を2次式 $x^2 - 2x - 1$ で割ると，商は $x + 3$，剰余（余り）は $2x + 3$，すなわち，

$$(x^3 + x^2 - 5x - 2) \div (x^2 - 2x - 1) = x + 3 \quad 余り \quad 2x + 1$$

この除算は，自然数の割り算の場合と同じように行えばよい．

$$
\begin{array}{r}
x + 3 \\
x^2 - 2x - 1 \overline{)\, x^3 + x^2 - 5x - 2} \\
\underline{x^3 - 2x^2 - x } \\
3x^2 - 4x - 2 \\
\underline{3x^2 - 6x - 3} \\
2x + 1
\end{array}
$$

以下の議論において，多項式を $P(x), Q(x), S(x), R(x)$ などで表す．$n \geqq r$ とするとき，n 次式 $P(x)$ を r 次式 $Q(x)$ で割ったときの商を $S(x)$，余り（剰余）を $R(x)$ とすれば，

$$P(x) = Q(x)S(x) + R(x)$$

がなりたち，$S(x)$ は $n - r$ 次式であり，$R(x)$ の次数は r よりも小さくなる．

問題 1.3. 4 次式 x^4+x^2+1 を 2 次式 x^2-x+1 で割ったときの商と余りを求めよ.

特に,多項式 $P(x)$ を 1 次式 $x-\alpha$ で割ったときの剰余は定数（0 次式ともいう）になるから,
$$P(x) = (x-\alpha)S(x) + R$$
となる.この等式で $x = \alpha$ とおくと,
$$P(\alpha) = (\alpha-\alpha)S(\alpha) + R = 0 + R = R$$
となる.したがって,剰余の定理と呼ばれる次がなりたつ.

定理 1.4 (剰余の定理). 多項式 $P(x)$ を 1 次式 $x-\alpha$ で割ったときの剰余は $P(\alpha)$ である.

剰余の定理より,因数定理と呼ばれる次がなりたつ.

定理 1.5 (因数定理). 多項式 $P(x)$ が 1 次式 $x-\alpha$ で割れる,すなわち,$P(x) = (x-\alpha)S(x)$ がなりたつための必要十分条件は $P(\alpha) = 0$ がなりたつこと,つまり,α が方程式 $P(x) = 0$ の解であることである.

因数定理を用いて因数分解を考える.

例 1.8. 2 次式 x^2-2x-1 を因数分解することを考える.2 次方程式 $ax^2+bx+c=0$ の解の公式 $x = \frac{-b\pm\sqrt{b^2-4ac}}{2a}$ を用いて,2 次方程式 $x^2-2x-1=0$ の解を求めると,
$$x = \frac{2\pm\sqrt{4+4}}{2} = 1 \pm \sqrt{2}$$
だから,因数定理より,
$$x^2-2x-1 = \{x-(1+\sqrt{2})\}\{x-(1-\sqrt{2})\} = (x-1-\sqrt{2})(x-1+\sqrt{2})$$
と因数分解できる.この場合,2 次式の因数分解の公式（加えて -2,掛けて -1 となる 2 つの数を求める）を用いることは困難である.

例 1.9. 2 次式 x^2+2x+2 を因数分解することを考える.2 次方程式 $x^2+2x+2=0$ を解の公式を用いて解くと,

$$x = \frac{-2 \pm \sqrt{4-8}}{2} = -1 \pm \sqrt{-1} = -1 \pm i$$

だから，因数定理より，

$$x^2 + 2x + 2 = \{x - (-1+i)\}\{x - (-1-i)\} = (x+1-i)(x+1+i)$$

と因数分解できる．しかし，これは係数を複素数の範囲まで広げた因数分解であり，実数係数による因数分解はできない．

以上の議論からわかるように，実数を係数とする 2 次式 $ax^2 + bx + c$ が実数を係数とする 2 つの 1 次式の積に因数分解できるための条件は判別式が $b^2 - 4ac \geqq 0$ をみたすことである．

3 次式や 4 次式の因数分解においても，それぞれ 3 次方程式の解の公式，4 次方程式の解の公式を用いることが考えられるが，どちらも複雑である．5 次以上の方程式には解の公式が無い（無いことが証明されている）．これらについても，方程式の解を，見当をつけて見つけることにより因数定理を用いて因数分解できることがある．

問題 1.4. 3 次式 $x^3 - 6x^2 + 11x - 6$ を因数分解せよ．

1.7　2 項 展 開

以下のような

$$\begin{aligned}
(a+b)^2 &= (a+b)(a+b) = a(a+b) + b(a+b) \\
&= a^2 + 2ab + b^2 \\
(a+b)^3 &= (a+b)(a+b)^2 = (a+b)(a^2 + 2ab + b^2) \\
&= a(a^2 + 2ab + b^2) + b(a^2 + 2ab + b^2) \\
&= a^3 + 3a^2 b + 3ab^2 + b^3 \\
(a+b)^4 &= (a+b)(a+b)^3 = (a+b)(a^3 + 3a^2 b + 3ab^2 + b^3) \\
&= a(a^3 + 3a^2 b + 3ab^2 + b^3) + b(a^3 + 3a^2 b + 3ab^2 + b^3) \\
&= a^4 + 4a^3 b + 6a^2 b^2 + 4ab^3 + b^4
\end{aligned}$$

がなりたつ．これらを **2 項展開**という．2 項展開の係数だけを並べると，**パスカルの三角形**と呼ばれるものが得られる．

```
              1     1
           1     2     1
        1     3     3     1         パスカルの三角形 (1)
     1     4     6     4     1
  1     5    10    10     5     1
```

パスカルの三角形において，同じ段の隣り合わせた 2 つの数の和がその下の段のそれら 2 つの数のあいだの数になっている．その理由は，パスカルの三角形をさらに詳しく書いた下図で理解できるであろう．

$$
\begin{array}{cccc}
& a & b & (a+b)^1 \\
& 1 & 1 & \\
a\swarrow\ \searrow b & a\swarrow\ \searrow b & & \times(a+b) \\
a^2 & ab & b^2 & (a+b)^2 \\
1 & 2 & 1 & \\
a\swarrow\ \searrow b & a\swarrow\ \searrow b & a\swarrow\ \searrow b & \times(a+b) \\
a^3 & a^2 b & ab^2 & b^3 \quad (a+b)^3 \\
1 & 3 & 3 & 1
\end{array}
$$

パスカルの三角形 (2)

それぞれの項の下に書かれた数がその項の個数（係数）であり，記号 $a\swarrow$ は矢印の元の項に a をかけると矢印の先の項ができ，記号 $\searrow b$ は矢印の元の項に b をかけると矢印の先の項ができることを示している．したがって，同じ段の隣り合わせた 2 つの項の個数の和が下の段の 2 つの項の間にある項の個数になっている．

n を自然数とするとき，$n \times (n-1) \times \cdots \times 3 \times 2 \times 1$ を記号 $n!$ で表し，n の**階乗**と読む．ただし，$0! = 1$ とする．

一般の自然数 n の場合の 2 項展開は次の 2 項定理と呼ばれるものである．

定理 1.6 (2 項定理).

$$(a+b)^n = a^n + na^{n-1}b + \frac{n(n-1)}{2}a^{n-2}b^2 + \cdots + \frac{n!}{k!(n-k)!}a^k b^{n-k} + \cdots + b^n$$

1.7. 2 項 展 開

がなりたつ．すなわち，右辺の項 $a^k b^{n-k}$ の係数（**2 項係数**という）を ${}_n\mathrm{C}_k$ とするとき，

$$_n\mathrm{C}_k = \frac{n!}{k!(n-k)!} \qquad (k = 0, 1, 2, \cdots, n)$$

である．具体的に表すと，
${}_n\mathrm{C}_n = \frac{n!}{n!0!} = 1, \quad {}_n\mathrm{C}_{n-1} = \frac{n!}{(n-1)!1!} = n, \quad {}_n\mathrm{C}_{n-2} = \frac{n!}{(n-2)!2!} = \frac{n(n-1)}{2},$
$\cdots$
${}_n\mathrm{C}_2 = \frac{n!}{(n-2)!2!} = \frac{n(n-1)}{2}, \quad {}_n\mathrm{C}_1 = \frac{n!}{1!(n-1)!} = n, \quad {}_n\mathrm{C}_0 = \frac{n!}{0!n!} = 1$
となる．

この定理の証明は電子ファイルで示す．

$(a+b)^5$ は 5 個の $(a+b)$ の積である．

$$(a+b)^5 = (a+b)(a+b)(a+b)(a+b)(a+b)$$

右辺を展開したとき，項 $a^3 b^2$ は，右辺の 5 個の両括弧の中の 3 個から a を，残りの 2 個から b をとりだしてかけてできるので，その係数 ${}_5\mathrm{C}_3 = \frac{5!}{3!2!} = 10$ は，5 個の両括弧を a をとりだす 3 個の両括弧と b をとりだす 2 個の両括弧に分ける分け方の個数である．実際，5 個の両括弧に 1, 2, 3, 4, 5 の番号を付け，それら 5 個の番号を 3 個と 2 個に分ける分け方は次の 10 通りである．

$\{1,2,3|4,5\}, \{1,2,4|3,5\}, \{1,2,5|3,4\}, \{1,3,4|2,5\}, \{1,3,5|2,4\}$

$\{1,4,5|2,3\}, \{2,3,4|1,3\}, \{2,3,5|1,4\}, \{2,4,5|1,3\}, \{3,4,5|1,2\}$

一般に $(a+b)^n$ を展開したときできる項 $a^k b^{n-k}$ の係数 ${}_n\mathrm{C}_k = \frac{n!}{k!(n-k)!}$ は，n 個の両括弧を順番で区別して a をとりだす k 個の両括弧と b をとりだす $n-k$ 個の両括弧とに分ける分け方の個数である．これは n 個の両括弧の分け方についてだけではなく，n 個の異なるものの分け方についても当てはまるので，定理 1.6 より，組み合わせの個数についての次の定理がなりたつ．

定理 1.7 (組み合わせの個数). n 個の異なるものを k 個と $n-k$ 個の 2 つのグループに分ける分け方の個数（これは，n 個の異なるものの中から k 個をとりだすとりだし方の個数に等しいが）は，${}_n\mathrm{C}_k = \frac{n!}{k!(n-k)!}$ である．

1.8 区　　間

1よりも大きく3よりも小さい実数の全体の集合を記号 $(1,3)$ で表す．

$$(1,3) = \{\, x \mid 1 < x < 3 \,\}$$

同様に，次の記号を用いる．

$[1,3] = \{\, x \mid 1 \leqq x \leqq 3 \,\}, \ (1,3] = \{\, x \mid 1 < x \leqq 3 \,\}, \ [1,3) = \{\, x \mid 1 \leqq x < 3 \,\}$

つまり，括弧記号 [と] は境界の数を含むことを，括弧記号 (と) は境界の数を含まないことを意味する．2よりも大きい実数の全体を記号 $(2,\infty)$ で表す．

$$(2,\infty) = \{\, x \mid 2 < x \,\}$$

記号 ∞ は**無限大**と読むが，∞ は数ではなく，限りなく大きいということを表す記号である．　同様に，次の記号を用いる．

$[1,\infty) = \{\, x \mid 1 \leqq x \,\}, \quad (-\infty,1) = \{\, x \mid x < 1 \,\}, \quad (-\infty,1] = \{\, x \mid x \leqq 1 \,\}$

記号 $(-\infty,\infty)$ はすべての実数の集合を表す．

一般に，(a,b) を**開区間**，$[a,b]$ を**閉区間**，$(a,b], [a,b)$ を**半開区間**と呼ぶ．

1.9　実数の連続性の公理

数学の議論の展開において，議論の対象となる数や関数などが存在することを確認したうえで議論を進めることが重要である．たとえば，「最大値を a とする」というとき，そのような最大値が存在すること，「解を x とする」というとき，そのような解が存在すること，などを確認しなければならない．なぜなら，存在を無視して議論を進めると誤った結論を導くことになりかねないからである．存在を無視した議論が誤った結論を導く例を電子ファイルで示す．

存在を確認した上で議論することが重要であるので，数学ではさまざまな存在定理があるが，それらを根拠にして存在が確認できたものを求めるには，それがみたすべき条件（必要条件）を用いて絞り込む方法によって求めることができる場合がある．

実数の集合 A を考える．A に属する実数 a は，A に属するすべての実数 x に

1.9. 実数の連続性の公理

ついて $x \geqq a$ をみたすとき，A の**最小値**（minimum）といい，記号 $\min A$ で表す．また，A に属する実数 a は，A に属するすべての実数 x について $x \leqq a$ をみたすとき，A の**最大値**（maximum）といい，記号 $\max A$ で表す．

閉区間 $[1,3]$ の最大値は 3 であり，最小値は 1 であるから，

$$\max[1,3] = 3, \quad \min[1,3] = 1$$

である．開区間 $(1,3)$ には最大値も最小値もない．半開区間 $(1,3]$ の最大値は 3 であるが，最小値は存在しない．また，半開区間 $[1,3)$ の最小値は 1 であり，最大値は存在しない．

開区間 $(1,3)$ には最大値も最小値も存在しないが，3 がこの開区間の最大値に代わるような数であり，1 がこの開区間の最小値に代わるような数である．最大値や最小値が無い集合において，このような最大値に代わる数や最小値に代わる数を考える必要が起こる．最大値，または，最大値がないときの最大値に代わりうる数が後で説明する「上限」の概念である．まず，実数の集合が与えられたとき，その集合の「上界」の概念を説明し，与えられた実数の集合の上界の全体の集合を考える．

実数の集合 A に対して，実数 c が A の**上界**（upper bound）であるとは，A に属するすべての実数 x について，$x \leqq c$ がなりたつことである（ここで等号 = が付いていることが重要である）．

例 1.10. (1) $A = (1,3)$ とするとき，4 は A の上界である．なぜなら，A に属するすべての実数 x について，$x \leqq 4$ がなりたつからである．3.5 も A の上界である．なぜなら，A に属するすべての実数 x について，$x \leqq 3.5$ がなりたつからである．3 も A の上界である．なぜなら，A に属するすべての実数 x について，$x \leqq 3$ がなりたつからである．しかし，3 より小さい数は A の上界ではない．3 および 3 より大きい数はすべて A の上界であるから，A の上界の全体の集合を A の右上に ～ を付けた記号 A～ でもって表すことにすれば，A～ $= [3, \infty)$ となる．

(2) $B = [1,3]$ とするとき，B の上界の全体の集合は，B～ $= [3, \infty)$ となる．

(3) $C = \{0, \frac{1}{2}, \frac{2}{3}, \frac{3}{4}, \cdots, \frac{n-1}{n}, \cdots\}$ とするとき，C に属する数はすべて 1 より小さいから，1 は C の上界である．しかし，C には 1 にいくらでも近い数が入っているので，1 より小さい数は C の上界にならない．したがって，C の上

界全体の集合は，$C\tilde{} = [1, \infty)$ となる．

(4) $D = \{\, x \mid x \text{ は } x^2 < 2 \text{ をみたす正数}\,\}$ とするとき，$\sqrt{2}$ は D の上界である．なぜなら，D に属する数は $\sqrt{2}$ より小さいからである．$\sqrt{2}$ より小さい数は D の上界ではないから，D の上界の全体の集合は $D\tilde{} = [\sqrt{2}, \infty)$ となる．

(5) $E = \{1, 4, 9, 16, \cdots, n^2, \cdots\}$ とするとき，E には上界が存在しない．

実数の集合 A に上界があるとき，A は**上に有界**であるという．上に有界な実数の集合 A について，その上界全体の集合 $A\tilde{}$ の最小値 $\min A\tilde{}$ を A の**上限** (supremum, least upper bound) といい，それを記号 $\sup A$ で表す．

$$\sup A = \min A\tilde{} \quad (A \text{ の上限は } A\tilde{} \text{ の最小値})$$

例題 1.1. 実数の集合 $(1,3)$，$[1,3]$，$\{0, \frac{1}{2}, \frac{2}{3}, \frac{3}{4}, \cdots, \frac{n-1}{n}, \cdots\}$，$\{\, x \mid x$ は $x^2 < 2$ をみたす正数 $\}$，$\{1, 4, 9, 16, \cdots, n^2, \cdots\}$ について，それぞれ上限を求めよ．

【解答】 (1) $(1,3)\tilde{} = [3, \infty)$ だから，$\sup(1,3) = \min[3, \infty) = 3$

(2) $\sup[1,3] = \min[3, \infty) = 3$

(3) $\sup\{0, \frac{1}{2}, \frac{2}{3}, \frac{3}{4}, \cdots, \frac{n-1}{n}, \cdots\} = \min[1, \infty) = 1$

(4) $\sup\{\, x \mid x$ は $x^2 < 2$ をみたす正数 $\} = \min[\sqrt{2}, \infty) = \sqrt{2}$

(5) 実数の集合 $\{1, 4, 9, 16, \cdots, n^2, \cdots\}$ には上界が無いので上限は存在しない．この場合も $\sup\{1, 4, 9, 16, \cdots, n^2, \cdots\} = \infty$ と書くが，∞ は数ではないので，これは上限が存在しないという意味である． ■

実数の集合 A に最大値 $\max A$ が存在する場合は，$A\tilde{} = [\max A, \infty)$ がなりたつから，$\sup A = \max A$，すなわち，最大値がある集合については，最大値がその集合の上限である．例 1.10 (1),(3),(4) で見たように，最大値が無い集合についても，上限が考えられるが，それは最大値の代わりになる数になっている．ただし，上に有界な集合についてであり，上に有界でない集合には上限が存在しない．

実数の集合でその上界の全体の集合を求めることができる場合は，その上界の全体の集合を見ればそれに最小値があることがわかる．上界の全体の集合を容易に求めることができない場合を含めて，上に有界な集合であればその上界

1.9. 実数の連続性の公理

の全体の集合には最小値が存在すること，つまり，上限が存在することを主張するのが，次の「実数の連続性の公理」である．

実数の連続性の公理：上に有界な実数の集合には上限が存在する．

解析学は，この「実数の連続性の公理」を認めて議論する．なお，実数を構成する議論を展開すれば，「実数の連続性の公理」を証明することも可能である．

たとえば，実数の集合
$$\{\ \tfrac{1}{0!},\ \tfrac{1}{0!}+\tfrac{1}{1!},\ \tfrac{1}{0!}+\tfrac{1}{1!}+\tfrac{1}{2!},\ \tfrac{1}{0!}+\tfrac{1}{1!}+\tfrac{1}{2!}+\tfrac{1}{3!},\ \cdots\ \}$$
の上界の全体の集合を求めることは容易ではない．しかし，

$$\tfrac{1}{0!}+\tfrac{1}{1!}+\tfrac{1}{2!}+\tfrac{1}{3!}+\cdots+\tfrac{1}{n!}$$
$$< \tfrac{1}{1}+(\tfrac{1}{1}+\tfrac{1}{2}+\tfrac{1}{2^2}+\cdots+\tfrac{1}{2^{n-1}})$$
$$= 1+2(1+\tfrac{1}{2}+\tfrac{1}{2^2}+\cdots+\tfrac{1}{2^{n-1}})-(1+\tfrac{1}{2}+\tfrac{1}{2^2}+\cdots+\tfrac{1}{2^{n-1}})$$
$$= 1+(2+1+\tfrac{1}{2}+\tfrac{1}{2^2}+\cdots+\tfrac{1}{2^{n-2}})-(1+\tfrac{1}{2}+\tfrac{1}{2^2}+\cdots+\tfrac{1}{2^{n-1}})$$
$$= 1+2-\tfrac{1}{2^{n-1}} < 3$$

だから，この実数の集合は上に有界である．したがって，実数の連続性の公理より，この集合には上限が存在する．その上限がどのような数であるかはわからなくとも，上限の存在を確かめたので，それを用いて議論を行ってもかまわないわけである．詳しく調べると，この上限は，後で説明するネイピアの数と呼ばれる無理数 $e = 2.718\cdots$ に一致することがわかる．

下界，下に有界，下限の概念も同じように考える．

実数の集合 A に対して，実数 c が A の**下界**（lower bound）であるとは，A に属するすべての実数 x について，$x \geqq c$ がなりたつことである．実数の集合 A に下界が存在するとき，A は**下に有界**であるという．下に有界な実数の集合 A の下界全体の集合 $A_\sim$ の最大値 $\max A_\sim$ を A の**下限**（infimum, greatest lower bound）といい，それを記号 $\inf A$ で表す．

$$\inf A = \max A_\sim$$

問題 1.5. 開区間 $(-1, 5)$ の上界全体の集合および下界全体の集合を求め，上限 $\sup(-1, 5)$ と下限 $\inf(-1, 5)$ を求めよ．

1.10 数列とその極限値

数列 $0, \frac{1}{2}, \frac{2}{3}, \frac{3}{4}, \frac{4}{5}, \cdots$ の n 番目の項 (**一般項**という) は $\frac{n-1}{n}$ であり, n が限りなく大きくなるとき 1 に近づく. このことを, 記号 $\lim_{n\to\infty} \frac{n-1}{n} = 1$ で表し, この数列は 1 に**収束する**といい, 1 はこの**数列の極限値** (limit) であるという.

$$\lim_{n\to\infty} \frac{n-1}{n} = \lim_{n\to\infty} \frac{1-\frac{1}{n}}{1} = \frac{1-0}{1} = 1$$

と計算することもできる.

例 1.11. (1) $\lim_{n\to\infty} \frac{2n}{n^2+1} = \lim_{n\to\infty} \frac{\frac{2}{n}}{1+\frac{1}{n^2}} = \frac{0}{1+0} = 0$

(2) $\lim_{n\to\infty} \frac{2n^2+1}{n^2-3n} = \lim_{n\to\infty} \frac{2+\frac{1}{n^2}}{1-\frac{3}{n}} = \frac{2+0}{1-0} = 2$

(3) $\lim_{n\to\infty} \frac{n^3}{n^2+1} = \lim_{n\to\infty} \frac{n}{1+\frac{1}{n^2}} = \frac{\infty}{1+0} = \infty$,

これは, いくらでも大きくなるという意味であり, 極限値は存在しない.

(4) $\lim_{n\to\infty} (-1)^n$ については, $n = 1, 2, 3, 4, \cdots$ と増やしていくと, -1 と 1 とを交互にとって振動するので極限値は存在しない.

実数の連続性の公理をいい換えたものの 1 つが次のものである. これら 2 つの公理が同値であることの証明には, 極限値についての厳密な議論が必要であるので, 第 10 章 (定理 10.1) で行う.

実数の連続性の公理：上に有界な単調増大数列には極限値が存在する.

1.11 数　直　線

直線上に等間隔に印を付け, その印の 1 つを**原点**O と呼び, その隣の点を**単位点**E と呼ぶ. 原点から単位点へ向かう方向をプラス方向, 逆の方向をマイナス方向と呼ぶことにする. 原点に数 0 を, 単位点に数 1 を, そのプラス方向の隣の印に数 2 を, さらに, そのプラス方向の隣の印に数 3 を目盛る. 原点のマイナス方向の隣の印に数 -1 を, そのマイナス方向の隣の印に数 -2 を目盛る. このようにしてできたものを**数直線**という.

数直線上の点 P が原点のプラス方向にあり, OP の長さが OE の長さの x 倍

1.11. 数直線

であれば点 P の **座標** は x であるという．数直線上の点 P が原点のマイナス方向にあり，OP の長さが OE の長さの x 倍であれば点 P の座標は $-x$ であるという．このように，数直線上の点に対して，その座標として実数が対応する．逆に，実数を与えると，それを座標とする数直線上の点が定まる．数直線は両側に無限に長く伸びていると考えれば，数直線上の点の全体は実数の全体を表すものとみなすことができる．

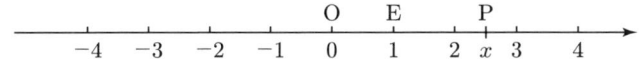

図 1.1　数直線

第2章
関　　数

2.1　関数とその表し方

　2つの変数 x, y を用いた等式 $y = x^2$ は，x の値を与えるごとに y の値が定まる．たとえば，$x = 1$ のときは $y = 1$，$x = 2$ のときは $y = 4$，$x = -1$ のときは $y = 1$，$x = -1.5$ のときは $y = 2.25$ という具合にこの等式は，「与えられた数に対して，その数を2乗した数を対応させる」という，数から数への対応関係を与える．

　数から数への対応関係を**関数**という．等式 $y = x^2$ が与える数から数への対応関係（関数）を「関数 $y = x^2$」という呼び方をする．関数 $y = x^2$ において，x を**独立変数**，y を**従属変数**という．

　関数とは，数から数への対応関係であるので，独立変数や従属変数にどのような文字を使うかは自由である．たとえば，関数 $v = u^2$ と関数 $y = x^2$ は使われている変数記号が異なるだけで，数から数への対応関係としては同じものを与えるので，この両者は関数としては同じものである．

　関数 $y = x^2$ は関数 $f(x) = x^2$ と書き表すこともある．ここで，f を**関数記号**という．このように関数の表し方には，従属変数を用いた表し方と関数記号を用いた表し方があるが，それぞれが長所を持っているので，両方の表し方に馴染む必要がある．関数記号を用いた関数 $f(x) = x^2$ については，x の値を与えるごとの関数がとる値を

$$f(1) = 1, \quad f(2) = 4, \quad f(-1) = 1, \quad f(-1.5) = 2.25$$

と簡潔に表すことができることが，長所の一つである．

　関数 $y = x^2 + 2x - 3$ は，言葉で表現すれば，「与えられた数に対して，その数を2乗した数にその数の2倍を加え，それから3を引いた数を対応させる関数」であるが，変数記号を用いた等式 $y = x^2 + 2x - 3$ によって，言葉で表現

すれば複雑な関数を簡潔に表現できるわけである．数学においては，数学概念を記号を用いて簡潔かつ的確に表現することに努める．それによって複雑な議論の展開が円滑にできるようになるからである．そのためには，記号に馴染むことが必要である．

具体的な関数でなく，関数を一般的に議論することがある．その場合，

$$関数\ y = f(x)$$

等の表し方をする．

2.2　関数の定義域と値域

関数 $y = \frac{x^2-1}{x-1}$ は $x=1$ で y の値が定まらない．つまり，この関数は集合 $(-\infty, 1) \cup (1, \infty)$ において意味を持つ．この集合をこの関数の**定義域**という．一方，関数 $y = x+1$ の定義域は実数全体の集合 $(-\infty, \infty)$ である．関数 $y = \frac{x^2-1}{x-1}$ は，$x \neq 1$ のときは，$y = x+1$ がなりたつが，関数 $y = \frac{x^2-1}{x-1}$ と関数 $y = x+1$ とは定義域が異なるので，別の関数と考える．

関数の定義域を，もともとの定義域から狭めて考えることもある．その場合は，考える定義域を明示する．関数の従属変数がとりうる値の集合を関数の**値域**（ちいき）という．

例題 2.1. 次の関数について，それぞれ定義域と値域を求めよ．
(1)　関数 $y = x^3$　　(2)　関数 $y = x^3$（定義域を $[0, \infty)$ に制限する）
(3)　関数 $y = \sqrt{x}$　　(4)　関数 $y = \sqrt{x}$（定義域を $(1, 9)$ に制限する）
(5)　関数 $y = \frac{1}{x^2-1}$

【解答】　(1)　関数 $y = x^3$ の定義域は $(-\infty, \infty)$ であり，値域は $(-\infty, \infty)$ である．
(2)　関数 $y = x^3$（定義域を $[0, \infty)$ に制限する）の値域は $[0, \infty)$ である．
(3)　関数 $y = \sqrt{x}$ の定義域は $[0, \infty)$ であり，値域は $[0, \infty)$ である．
(4)　関数 $y = \sqrt{x}$（定義域を $(1, 9)$ に制限する）の値域は $(1, 3)$ である．
(5)　関数 $y = \frac{1}{x^2-1}$ は $x=1$ と $x=-1$ では定義されていないので，定義域は $(-\infty, -1) \cup (-1, 1) \cup (1, \infty)$ であり，値域は $(-\infty, 0) \cup (0, \infty)$ である．■

問題 2.1. 次の関数の定義域と値域を求めよ．
(1) 関数 $y = \sqrt{1-x} - 2$ 　　　(2) 関数 $y = \frac{1}{(x-1)^2} + 2$

問題 2.2. 次の関数の値域を求めよ．
(1) 関数 $y = \frac{2}{x}$ 　（定義域は $[2, \infty)$）
(2) 関数 $y = \frac{1}{x^2+2}$ 　（定義域は $(1, 3]$）
(3) 関数 $y = x^2$ 　（定義域は $(-2, 1]$）

2.3 関数のグラフ

平面上の 2 つの数直線が原点で直角に交わったものを**座標平面**という．座標平面をつくる 2 つの数直線をそれぞれ **x 軸**，**y 軸**，あるいは，**横軸**，**縦軸**と呼ぶ．

座標平面上の点 P に対して，x 軸に下ろした垂線の足の座標を x，y 軸に下ろした垂線の足の座標を y とするとき，2 つの実数の組 (x, y) を点 P の座標といい，P $= (x, y)$ で表す．逆に，2 つの実数の組 (x, y) を与えると，それを座標とする座標平面上の点が定まる．　関数 $y = f(x)$ に対して，座標平面上の

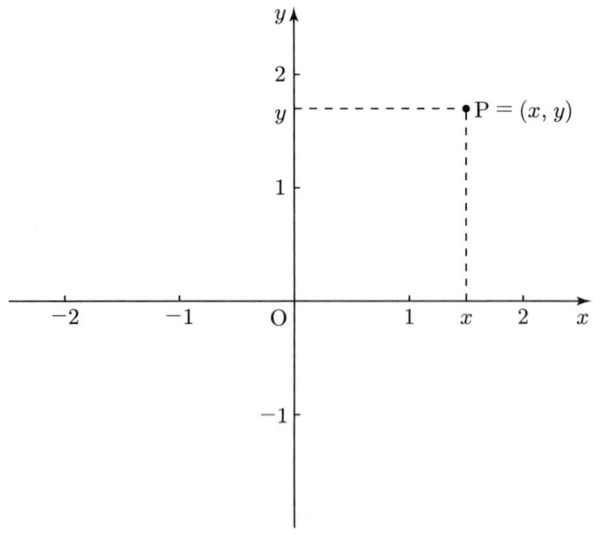

図 **2.1** 座標平面

点 $(x, f(x))$ を考え，x を動かすと，座標平面上の曲線を描く．その曲線を関数 $y = f(x)$ の**グラフ**という．関数のグラフを描くことにより，関数の増加減少の様子を知ることができる．

関数のグラフの概形を描くには，独立変数の値をいくつか選び出し，その値ごとに関数がとる値を表にする．次にそれらを組にした座標平面上の点をとり，それらの点を順次滑らかな曲線で結べばよい．計算ソフトである Excel を用いてグラフを描くこともできる．電子ファイルにおいて，2次関数 $y = x^2$ ($-2 \leqq x \leqq 2$) のグラフおよび関数 $y = \frac{1}{1+x^2}$ ($-2 \leqq x \leqq 2$) のグラフの Excel を用いた描きかたを示す．

2.4 関数の極限値と連続関数

x が限りなく 2 に近づくとき，x^2 は 4 に近づく．これを，記号 $x^2 \to 4$ ($x \to 2$ のとき)，あるいは，記号 $\lim_{x \to 2} x^2 = 4$ で表す．

$\lim_{x \to 1} \frac{x^2 - 1}{x - 1} = \lim_{x \to 1} \frac{(x+1)(x-1)}{x-1} = \lim_{x \to 1}(x + 1) = 1 + 1 = 2$ となる．関数 $y = \frac{x^2 - 1}{x - 1}$ は $x = 1$ では定義されていないが，x が限りなく 1 に近づくという表現は，$x = 1$ となることなく x は 1 に近づくという意味であり，関数が $x = 1$ で定義されていなくてもかまわないのである．

一般に，関数 $f(x)$ について，x が限りなく a に近づくとき，$f(x)$ が A に近づくことを記号 $f(x) \to A$ ($x \to a$ のとき，)，あるいは，記号 $\lim_{x \to a} f(x) = A$ で表し，A を x が限りなく a に近づくときの関数 $f(x)$ の**極限値** (limit) という．極限値が容易にわかる場合もあるが，容易にはわからない複雑な関数もある．また，近づきかたによって極限値が異なることもある．

たとえば，関数 $f(x) = \begin{cases} 1 & (x \geqq 0 \text{ のとき}) \\ 0 & (x < 0 \text{ のとき}) \end{cases}$ については，

$$\lim_{x \to 0+} f(x) = 1, \qquad \lim_{x \to 0-} f(x) = 0$$

となる．ここで，$\lim_{x \to 0+}$ は x が 0 より大きい方から近づいた極限 (**右極限**という) であり，$\lim_{x \to 0-}$ は x が 0 より小さい方から近づいた極限 (**左極限**という) である．この関数については近づき方によって極限値が異なるので $\lim_{x \to 0} f(x)$ は存在しない．

$\lim_{x \to 0} \frac{1}{x^2} = +\infty$ は等号 = を用いているが，∞ は数ではないので，等しいと

いう意味ではなく，限りなく大きくなるという意味である．

$x = c$ のまわりで定義された関数 $f(x)$ が $x = c$ で**連続**であるとは，$\lim_{x \to c} f(x) = f(c)$ がなりたつことである．関数 $f(x)$ が $x = c$ で連続であるとは，感覚的にいえば，関数 $y = f(x)$ のグラフが $x = c$ で切れることなくつながっているということである．このような感覚的な理解は有効であるが，あくまでも厳密な論理で作られている数学においては，感覚的な理解だけでは十分ではないことがある．しかも，関数の連続の概念は極限に関わっており，極限についての込入った議論を誤りなく行うためには ϵ-δ 論法が必要になる．ϵ-δ 論法については第 9 章で取り扱う．

例 2.1. n を自然数とするとき，関数 $f(x) = x^n$ は，すべての実数 a について，$\lim_{x \to a} f(x) = \lim_{x \to a} x^n = a^n = f(a)$ がなりたつ．したがって，この関数は $(-\infty, \infty)$ のすべての点で連続である．

例 2.2. n を自然数とするとき，関数 $f(x) = \frac{1}{x^n}$ は $a \neq 0$ とするとき，$\lim_{x \to a} f(x) = \lim_{x \to a} \frac{1}{x^n} = \frac{1}{a^n} = f(a)$ がなりたつ．したがって，この関数は定義域 $(-\infty, 0) \cup (0, \infty)$ のすべての点で連続である．

関数 $f(x)$ が $x = c$ で**右連続**であるとは $\lim_{x \to c+} f(x) = f(c)$ がなりたつことであり，$x = c$ で**左連続**であるとは $\lim_{x \to c-} f(x) = f(c)$ がなりたつことである．

例 2.3. 関数 $f(x) = \sqrt{x}$ の定義域は $[0, \infty)$ である．$a > 0$ とするとき，$\lim_{x \to a} \sqrt{x} = \sqrt{a}$ がなりたつから，この関数は $(0, \infty)$ に属するすべての点で連続である．$x = 0$ では，$\lim_{x \to 0-} \sqrt{x}$ は考えることができないが，$\lim_{x \to 0+} \sqrt{x} = \sqrt{0}$ がなりたつ．このことをこの関数は $x = 0$ で右連続である．

例 2.4. 関数 $f(x) = \begin{cases} \dfrac{x}{|x|} & (x \neq 0 \text{ のとき}) \\ -1 & (x = 0 \text{ のとき}) \end{cases}$ の定義域は $(-\infty, \infty)$ であるが，

$$\lim_{x \to 0-} \frac{x}{|x|} = \lim_{x \to 0-} \frac{x}{-x} = \lim_{x \to 0-} -1 = -1 = f(0)$$

$$\lim_{x \to 0+} \frac{x}{|x|} = \lim_{x \to 0+} \frac{x}{x} = \lim_{x \to 0+} 1 = 1 \neq f(0)$$

2.4. 関数の極限値と連続関数

だから，$x = 0$ で左連続ではあるが右連続でない．$x = 0$ 以外の点では連続である．

関数 $f(x)$ が閉区間 $[a, b]$ で**連続**であるとは，$a < c < b$ をみたすすべての c で連続であり，$x = a$ で右連続であり，$x = b$ で左連続であることである．閉区間で連続な関数についてなりたつ最大値・最小値の存在定理および中間値の定理と呼ばれるものがある．これらの定理の証明は第 10 章において行う．

最大値・最小値の存在定理（定理 10.7）　閉区間 $[a, b]$ で連続な関数 $f(x)$ については，最大値をとる点と最小値をとる点が閉区間 $[a, b]$ 内に存在する．

例 2.5. 関数 $f(x) = \frac{1}{x}$ （定義域を $(0, 1)$ とする．）の値域は $(1, \infty)$ であり，最大値も最小値も存在しない．定義域が有界閉集合ではないからである．

中間値の定理（定理 10.8）　閉区間 $[a, b]$ で連続な関数 $f(x)$ が $f(a) < f(b)$ をみたすとき，$f(a) < M < f(b)$ をみたす実数 M に対して，$f(c) = M$ をみたす実数 c が閉区間 $[a, b]$ 内に存在する．

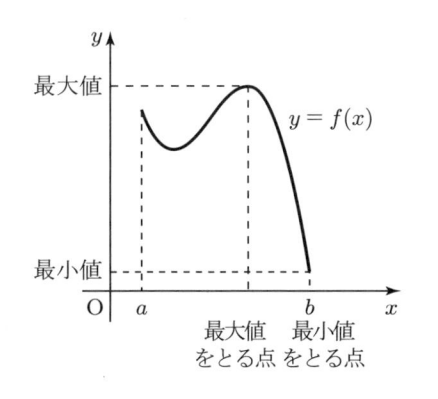

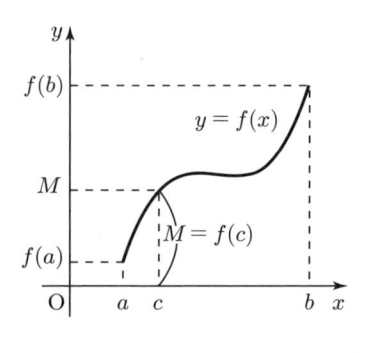

図 2.2　最大値・最小値の存在定理（左）と中間値の定理（右）

2.5 正数 a の実数 x 乗 a^x

実数 x と自然数 n に対して，x の n 個の積を x の **n 乗**といい，x^n で表す．$5^n, 2^n, 1.3^n, 1.1^n, 0.9^n, 0.5^n$ について，$n=1$ から $n=10$ までの値を下表に示す．

5^1	5	2^1	2	1.3^1	1.3
5^2	25	2^2	4	1.3^2	1.69
5^3	125	2^3	8	1.3^3	2.197
5^4	625	2^4	16	1.3^4	2.8561
5^5	3125	2^5	32	1.3^5	3.71293
5^6	15625	2^6	64	1.3^6	4.826809
5^7	78125	2^7	128	1.3^7	6.2748517
5^8	390625	2^8	256	1.3^8	8.15730721
5^9	1953125	2^9	512	1.3^9	10.60449937
5^{10}	9765625	2^{10}	1024	1.3^{10}	13.785849181

1.1^1	1.1	0.9^1	0.9	0.5^1	0.5
1.1^2	1.21	0.9^2	0.81	0.5^2	0.25
1.1^3	1.331	0.9^3	0.729	0.5^3	0.125
1.1^4	1.4641	0.9^4	0.6561	0.5^4	0.0625
1.1^5	1.61051	0.9^5	0.59049	0.5^5	0.03125
1.1^6	1.771561	0.9^6	0.531441	0.5^6	0.015625
1.1^7	1.9487171	0.9^7	0.4782969	0.5^7	0.0078125
1.1^8	2.14358881	0.9^8	0.43046721	0.5^8	0.00390625
1.1^9	2.357947691	0.9^9	0.387420489	0.5^9	0.001953125
1.1^{10}	2.593742371	0.9^1	0.3486784401	0.5^{10}	0.0009765625

上表からもわかるように，$a>1$ とするとき，a^n は n を大きくすると，急激に大きくなる．$0<a<1$ とするとき，a^n は n を大きくすると，0 に近づく．

例 2.6. 雌ねずみが 1 週間に 1 匹の雌ねずみを生むものとする．最初，雌ねずみが 1 匹いるとする．1 週間後の雌ねずみは 2 匹になり，2 週間後には 2 匹の雌ねずみがそれぞれ 1 匹の雌ねずみを生むので，雌ねずみは 4 匹になる．3 週間後の雌ねずみは 8 匹になる．このように増えていくと，10 週間後の雌ねずみは $2^{10} =1{,}024$ 匹に，20 週間後の雌ねずみは $2^{20} =1{,}048{,}576$ 匹となる．いわゆる，ねずみ算的に増加する．

例 2.7. 収入の無い人が年利 30 % の利息で A 円のお金を借りて，利息や元金

を返さないでおくとすれば，1年後の元利合計は $A + 0.3 \times A = 1.3A$ 円となり，2年後の元利合計は $1.3A + 0.3 \times 1.3A = 1.3^2 A$ 円となる．このようにして10年経過した後の元利合計は $1.3^{10} A = 13.7858A$ 円，すなわち，借りたお金の14倍近くの借金を抱えることになる．逆にみれば，毎年30％ずつ財産が増えていけば，10年後は，最初の14倍近くの財産になるということである．

例 2.8. 地球を2等分する．そんなことは不可能であるが，仮にできたとしての話である．その一方を2等分する．さらに，その一方を2等分する．このような2等分を100回続けると，米粒よりも小さくなる．

なぜなら，地球は半径がほぼ

$$r = 6360 \text{ km} = 6360 \times 10^3 \text{ m} = 6360 \times 10^6 \text{ mm} = 0.636 \times 10^{10} \text{ mm}$$

の球とみることができる．球の体積の公式（$\frac{4}{3} \times 3.14 \times$ 半径の3乗）より，地球の体積は，

$$\frac{4}{3} \times 3.14 \times (0.636 \times 10^{10} \text{mm})^3 = 1.08 \times 10^{30} \text{mm}^3$$

となる．一方，2等分を100回行うと，地球の体積の 2^{100} 分の1になる．計算機を使って計算すると，$2^{100} = 1.26 \times 10^{30}$ となるから，

$$\frac{1.08 \times 10^{30} \text{ mm}^3}{1.26 \times 10^{30}} = 0.86 \text{ mm}^3$$

となり，これは米粒より小さい大きさである．

実数の自然数乗の計算は，

$$2^4 \times 2^3 = (2 \times 2 \times 2 \times 2) \times (2 \times 2 \times 2) = 2^7 = 2^{4+3}$$
$$(2^3)^4 = (2 \times 2 \times 2) \times (2 \times 2 \times 2) \times (2 \times 2 \times 2) \times (2 \times 2 \times 2) = 2^{12} = 2^{3 \times 4}$$
$$(2 \times 5)^3 = (2 \times 5) \times (2 \times 5) \times (2 \times 5) = 2 \times 2 \times 2 \times 5 \times 5 \times 5 = 2^3 \times 5^3$$

このように実数の自然数乗について次がなりたつことは，それぞれについて両辺の積の個数が一致することから明らかである．

定理 2.1. a, b を実数，n, m を自然数とするとき，
(1)　$a^n a^m = a^{n+m}$

(2) $(a^n)^m = a^{nm}$
(3) $(ab)^n = a^n b^n$
(4) $\left(\dfrac{a}{b}\right)^n = \dfrac{a^n}{b^n}$ （$b \neq 0$ のとき）
がなりたつ．

a が正数のときの x 乗 a^x は，x が自然数のときだけでなく，すべての実数 x について考えることができる．たとえば，$2^{1.5}$, $2^{-1.234}$, $2^{\sqrt{2}}$, 3^π なども考えることができ，

$$2^{1.5} = 2.828427125\cdots$$
$$2^{-1.234} = 0.42513708\cdots$$
$$2^{\sqrt{2}} = 2.665144143\cdots$$
$$3^\pi = 31.5442807\cdots$$

となる．なお，これらの数値は関数電卓あるいは計算ソフト Excel を用いて求めることができる．重要なことは，正数 a の実数 x 乗 a^x は計算規則

$$a^x a^y = a^{x+y}$$

を保つ正数として定めることができることである．

定理 2.2. 正数 a の実数 x 乗 a^x を
(1) $a^x a^y = a^{x+y}$
がなりたつ正数として定めることができる．さらに，次がなりたつ．
(2) $(a^x)^y = a^{xy}$
(3) $\lim_{x \to c} a^x = a^c$

実際，これらの計算規則がなりたつからこそ，正数の実数乗を考える意義があるといえる．この定理の証明は実数の性質，特に，実数の連続性が深く関わっている．

この定理 2.2(1) を認めると，次の (4),(5),(6) がいえる．
(4) 正の有理数 $r = \dfrac{m}{n}$（ただし，n, m は自然数）に対して，正数 a の r 乗 2^r は $x^n = a^m$ をみたす正数 x である．

なぜなら，(1) より，

2.5. 正数 a の実数 x 乗 a^x

$$(a^r)^n = a^r \times a^r \times \cdots \times a^r = a^{r+r+\cdots+r} = a^{r \times n} = a^{\frac{m}{n} \times n} = a^m$$

だからである．

(5) 正数 a の 0 乗は，

$$a^0 = 1$$

である．

なぜなら，(1) より，

$$a^1 \times a^0 = a^{1+0} = a^1$$

両辺を a^1 で割ると，$a^0 = 1$ が得られるからである．

(6) 正数 a の x 乗と $-x$ 乗について，

$$a^x = \frac{1}{a^{-x}}$$

がなりたつ．

なぜなら，(1) より，

$$a^x a^{-x} = a^{x+(-x)} = a^0 = 1$$

だから，$a^x = \frac{1}{a^{-x}}$ が得られるからである．

定理 2.2 の証明は電子ファイルに示すが，そこではこれらの性質 (4),(5),(6) を用いる．

正数の実数乗はさらに，次の性質をみたす．

$$(ab)^x = a^x b^x, \qquad \left(\frac{a}{b}\right)^x = \frac{a^x}{b^x} \quad (b \neq 0)$$

これはあとで学ぶ対数を用いて証明する（例題 2.7）．

例題 2.2. $8^{-\frac{2}{3}}$ の値と，$\left(\frac{2^{\frac{7}{3}}}{3^{\frac{2}{3}}}\right)^{\frac{1}{2}} \times (2^{\frac{1}{2}} 3^2)^{-\frac{1}{3}}$ の値を求めよ．

【解答】 (1) $8^{-\frac{2}{3}} = (2^3)^{-\frac{2}{3}} = 2^{3 \times (-\frac{2}{3})} = 2^{-2} = \frac{1}{2^2} = \frac{1}{4}$

(2) $\left(\frac{2^{\frac{7}{3}}}{3^{\frac{2}{3}}}\right)^{\frac{1}{2}} \times (2^{\frac{1}{2}} 3^2)^{-\frac{1}{3}} = (2^{\frac{7}{3} \times \frac{1}{2}} \times 3^{-\frac{2}{3} \times \frac{1}{2}}) \times (2^{\frac{1}{2} \times (-\frac{1}{3})} \times 3^{2 \times (-\frac{1}{3})})$

$= (2^{\frac{7}{6}} \times 3^{-\frac{1}{3}}) \times (2^{-\frac{1}{6}} \times 3^{-\frac{2}{3}}) = 2^{\frac{7}{6} - \frac{1}{6}} 3^{-\frac{1}{3} - \frac{2}{3}} = 2^1 3^{-1} = \frac{2}{3}$ ■

問題 2.3. 次の値を求めよ．

(1) $\left(\frac{32}{243}\right)^{-\frac{2}{5}}$ (2) $\left(\frac{25}{8}\right)^{\frac{1}{3}} \times \left(\frac{4}{5^{\frac{1}{3}}}\right)^2$

2.6 指数関数 $y = a^x$

a を正数とするとき，関数 $y = a^x$ を a を<ruby>底<rt>てい</rt></ruby>とする**指数関数**という．指数関数は定義域が実数の全体の集合 $(-\infty, \infty)$ であり，値域は正数の全体の集合 $(0, \infty)$ である．また，指数関数は次の性質を持つ．

$a > 1$ のとき， $x > y$ ならば, $a^x > a^y$ （単調増加）

$0 < a < 1$ のとき， $x > y$ ならば, $a^x < a^y$ （単調減少）

したがって，指数関数 $y = a^x$ のグラフは，$a > 1$ の場合と $0 < a < 1$ の場合とで大きく異なる．

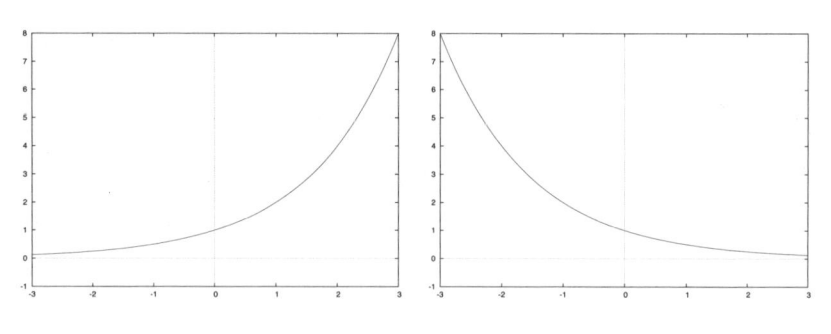

図 **2.3** $y = 2^x$ のグラフ（左）と $y = 0.5^x$ のグラフ（右）

電子ファイルにおいて，指数関数 $y = 3^t$ に 2 次関数 $t = -x^2$ を代入して得られる関数 $y = 3^{-x^2}$ $(-3 \leqq x \leqq 3)$ のグラフを Excel を用いて描いたものを示す．

2.7 対　　数

$a > 1$（あるいは，$0 < a < 1$）をみたす a を底とする指数関数 $x = a^y$ は実数全体の集合 (∞, ∞) を定義域とし正数の全体の集合 $(0, \infty)$ を値域とする単調増大な（単調減少な）連続関数である．したがって，2.4 節の中間値の定理より，正数 x に対して，$a^y = x$ をみたす実数 y がただ一つ存在する．その実数

2.7. 対　　数　　　　　　　　　　　　　　　　　　　　　　　　　　　33

y を記号 $\log_a x$ で表し，a を底とする x の**対数**という．

例題 2.3. 次の値を求めよ．

(1)　$\log_2 8$　　　　　　　(2)　$\log_2 \dfrac{1}{4}$　　　　　　(3)　$\log_2 1$

(4)　$\log_{10} 10000$　　　　(5)　$\log_{10} 0.001$　　　　(6)　$\log_{10} 1$

【解答】 (1)　$\log_2 8 = 3$　　なぜなら，$8 = 2^3$ だからである．
(2)　$\log_2 \frac{1}{4} = -2$　　なぜなら，$\frac{1}{4} = \frac{1}{2^2} = 2^{-2}$ だからである．
(3)　$\log_2 1 = 0$　　なぜなら，　$1 = 2^0$ だからである．
(4)　$\log_{10} 10000 = 4$　　なぜなら，　$10000 = 10^4$ だからである．
(5)　$\log_{10} 0.001 = -3$　　なぜなら，　$0.001 = \frac{1}{1000} = \frac{1}{10^3} = 10^{-3}$ だからである．
(6)　$\log_{10} 1 = 0$　　なぜなら，$1 = 10^0$ だからである．　　　■

一般に，対数の値は関数電卓や計算ソフト Excel で求めることができる．

定理 2.3. 対数は次の性質を持つ．
(1)　$\log_a x + \log_a y = \log_a xy$
(2)　$\log_a x^y = y \log_a x$
(3)　$\log_a a = 1$
(4)　$\log_a 1 = 0$
(5)　$a > 1$ のときは，　　　$x < y$ ならば，$\log_a x < \log_a y$　　（単調増加）．
　　　$0 < a < 1$ のときは，　$x < y$ ならば，$\log_a x > \log_a y$　　（単調減少）．

この定理の証明は電子ファイルで示す．

例題 2.4. 次の値を求めよ．

(1)　$\log_2 \dfrac{4}{3} + \log_2 12$　　　　　(2)　$\log_{10} 0.0001$

【解答】 (1)　$\log_2 \dfrac{4}{3} + \log_2 12 = \log_2 (\dfrac{4}{3} \times 12) = \log_2 16$
　　　　　　　　　　　　$= \log_2 2^4 = 4\log_2 2 = 4 \times 1 = 4$

別解：　$\log_2 \dfrac{4}{3} + \log_2 12 = \log_2 \dfrac{2^2}{3} + \log_2 (3 \times 2^2)$
　　　$= \log_2 2^2 - \log_2 3 + \log_2 3 + \log_2 2^2 = 2 \times 2 \log_2 2 = 4 \times 1 = 4$

(2) $\log_{10} 0.0001 = \log_{10} \dfrac{1}{10000} = \log_{10} \dfrac{1}{10^4}$
$= \log_{10} 10^{-4} = -4 \log_{10} 10 = -4$ ∎

問題 2.4. 次の値を求めよ．
(1) $\log_2 10 + \log_2 \dfrac{8}{5}$ (2) $\log_{10} 1000$

例題 2.5. 10 を底とする対数 $\log_{10} 2$ と $\log_{10} 3$ の近似値は，

$$\log_{10} 2 \fallingdotseq 0.3010, \qquad \log_{10} 3 \fallingdotseq 0.4771$$

である．これをもとにして，$\log_{10} 4$, $\log_{10} 5$, $\log_{10} 6$, $\log_{10} 7$, $\log_{10} 8$, $\log_{10} 9$ の近似値を求めよ．

【解答】 $\log_{10} 4 = \log_{10} 2^2 = 2 \log_{10} 2 \fallingdotseq 2 \times 0.3010 = 0.6020$

$\log_{10} 5 = \log_{10} \dfrac{10}{2} = \log_{10} 10 - \log_{10} 2 \fallingdotseq 1 - 0.3010 = 0.6990$

$\log_{10} 6 = \log_{10}(2 \times 3) = \log_{10} 2 + \log_{10} 3 \fallingdotseq 0.3010 + 0.4771 = 0.7781$

$\log_{10} 8 = \log_{10} 2^3 = 3 \log_{10} 2 \fallingdotseq 3 \times 0.3010 = 0.9030$

$\log_{10} 9 = \log_{10} 3^2 = 2 \log_{10} 3 \fallingdotseq 2 \times 0.4771 = 0.9542$

$\log_{10} 7 = \log_{10} \sqrt{49} \fallingdotseq \log_{10} \sqrt{50} = \log_{10}(5 \times 10)^{\frac{1}{2}}$
$= \dfrac{1}{2}(\log_{10} 5 + \log_{10} 10) \fallingdotseq \dfrac{1}{2}(0.6990 + 1) = \dfrac{1.6990}{2} = 0.8495$

と求めることができる（関数電卓で求めると $\log_{10} 7 \fallingdotseq 0.8451$）． ∎

例題 2.6. $\log_{10} 2 \fallingdotseq 0.3010$, $\log_{10} 3 \fallingdotseq 0.4771$ を用いて，2^{25} の概数を求めよ．

【解答】 $\log_{10} 2^{25} = 25 \log_{10} 2 \fallingdotseq 25 \times 0.3010 = 7.525$

$\log_{10} 3 \times 10^7 = \log_{10} 3 + \log_{10} 10^7 \fallingdotseq 0.4771 + 7 = 7.4771$

$\log_{10} 4 \times 10^7 = \log_{10} 4 + \log_{10} 10^7 \fallingdotseq 0.6020 + 7 = 7.6020$

したがって，$\log_{10} 3 \times 10^7 < \log_{10} 2^{25} < \log_{10} 4 \times 10^7$
ゆえに，$3 \times 10^7 < 2^{25} < 4 \times 10^7$, つまり，$30000000 < 2^{25} < 40000000$. なお，関数電卓で求めると，$2^{25} = 33554432$ である． ∎

2.7. 対　　数

問題 2.5. $\log_{10} 2 \doteqdot 0.3010$, $\log_{10} 3 \doteqdot 0.4771$, $1.2 = \dfrac{2^2 \times 3}{10}$ を用いて，1.2^{30} の概数を求めよ．

さまざまな分野で，量そのものよりもその対数をとった量で考えることが有効な場合がある．その例をあげる．

例 2.9. (1) 物理的刺激量 S と心理的刺激量 R との関係（フェヒナーの法則）

$$R = k \log_{10} S \qquad (k \text{ は感覚定数と呼ばれる定数})$$

(2) 地震のエネルギー E とマグニチュード M との関係

$$\log_{10} E = 4.8 + 1.5M$$

(3) 市町村の人口は小は数百人から大は1千万人に及ぶものまであり，1万倍以上の違いである．人口規模ごとのデータをグラフに表すとき，人口そのものでは開きが大きいので，人口の 10 を底とする対数をとったものを用いることがある．これを**対数メモリ**という．対数メモリでは 1,000 が 3 になり，10,000,000 が 7 になる．

(4) 年間収入は，数十万円の人から数百億円に及ぶ人までいる．年間収入ごとのデータをグラフにするとき，年間収入そのものでは開きが大きいので，対数メモリを用いることがある．

指数関数の性質から対数の性質（定理 2.3）を導いたが，対数の性質を用いると，指数関数の次の性質を証明できる．

例題 2.7. 対数の性質を用いて，指数関数の性質

$$(ab)^x = a^x b^x$$

を導け．ただし，a, b は正数，x は実数とする．

【解答】 定理 2.3 の性質 (2),(1),(2),(1) を順次用いると，

$$\log_2 (ab)^x = x \log_2 ab = x(\log_2 a + \log_2 b) = x \log_2 a + x \log_2 b$$
$$= \log_2 a^x + \log_2 b^x = \log_2 (a^x b^x)$$

したがって，定理 2.3(5) から導かれる一意性より，$(ab)^x = a^x b^x$ がなりたつ．∎

底が異なる対数の間の関係は次で与えられる．

定理 2.4. a, c を 1 でない正数，b を正数とするとき，
$$\log_a b = \frac{\log_c b}{\log_c a}$$
がなりたつ．

この定理の証明は電子ファイルにおいて示す．

2.8 対数関数 $y = \log_a x$

$a > 1$（あるいは，$0 < a < 1$）をみたす a について，関数 $y = \log_a x$ を a を**底**とする**対数関数**という．対数関数の定義域は正数全体の集合 $(0, \infty)$ であり，値域は実数全体の集合 $(-\infty, \infty)$ である．対数関数 $y = \log_a x$ のグラフは，$a > 1$ の場合と，$0 < a < 1$ の場合とで大きく異なる．電子ファイルにおいて，2 を底とする対数関数 $y = \log_2 x$ のグラフを Excel を用いて描いたものを示す．

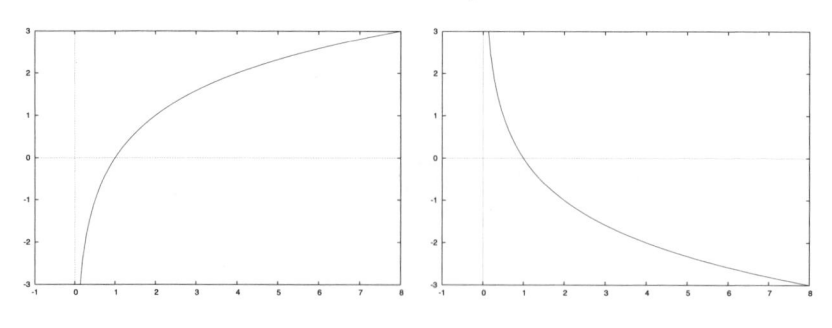

図 2.4　$y = \log_2 x$ のグラフ（左）と $y = \log_{0.5} x$ のグラフ（右）

2.9 ネイピアの数 e

微積分学において特別に重要な役割を果たすのがネイピアの数を底とする指数関数とネイピアの数を底とする対数関数である．**ネイピアの数**とは数列 $(1+\frac{1}{n})^n$ の n を限りなく大きくしたときの極限値

$$e = \lim_{n \to \infty} (1 + \frac{1}{n})^n$$

である．この数列は上に有界な単調増加であるので実数の連続性から極限値が存在するがそのことは電子ファイルにおいて示す．

ネイピアの数は

$$e = 2.71828182845904523536028747135 2\cdots$$

となる無理数である．

次の定理は指数関数の導関数および対数関数の導関数を求めるときに用いる（第3章）．

定理 2.5. 次がなりたつ．

(1) $\displaystyle\lim_{h \to 0}(1+h)^{\frac{1}{h}} = e$ (2) $\displaystyle\lim_{h \to 0}\frac{1}{h}\log_e(1+h) = 1$

(3) $\displaystyle\lim_{x \to 0}\frac{e^x - 1}{x} = 1$

この定理の証明は電子ファイルにおいて示す．

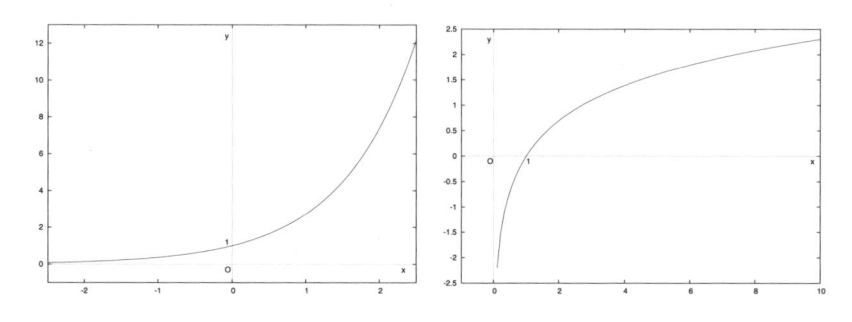

図 **2.5** 指数関数 $y = e^x$ のグラフ（左）と対数関数 $y = \log x$ のグラフ（右）

対数関数 $\log_e x$ は底の e を省略して $\log x$ で表し，**自然対数**という．自然対数を記号 $\ln x$ で表すこともある．

なお，10 を底とする対数 $\log_{10} x$ を**常用対数**といい，これも底の 10 を省略して $\log x$ と表すことがあるので，$\log x$ と書かれているものについて，自然対数であるのか常用対数であるのかを注意することが必要である．

2.10　複素数と e^{xi}

虚数単位 i を用いた $3+2i$, $2-5i$ などを**複素数**という．複素数は一般に 2 つの実数 x, y を用いて，$z = x + yi$ で表され，x を z の**実部**，y を z の**虚部**という．また，i を**虚数単位**という．

2 つの複素数 $z_1 = x_1 + y_1 i$, $z_2 = x_2 + y_2 i$ の和 $z_1 + z_2$ は

$$z_1 + z_2 = (x_1 + x_2) + (y_1 + y_2)i$$

とそれぞれの実部の和と虚部の和をとってできる複素数であり，積 $z_1 z_2$ は

$$z_1 z_2 = (x_1 + y_1 i)(x_2 + y_2 i) = x_1 x_2 + x_1 y_2 i + y_1 x_2 i + y_1 y_2 i^2$$
$$= x_1 x_2 + (x_1 y_2 + x_2 y_1)i + y_1 y_2 \times (-1) = (x_1 x_2 - y_1 y_2) + (x_1 y_2 + x_2 y_1)i$$

と数式の場合と同様の積の計算を行い，$i^2 = -1$ とおいてできる複素数である．

複素数 $x + yi$ を $x + iy$ と表すことがある．ただし，虚部が文字の場合だけである．

複素数 $z = x + yi$ に対して，複素数 $x - yi$ を z の**共役複素数**といい，記号 $\bar{z}$ で表す．

$$\bar{z} = x - yi$$

複素数とその共役複素数の積については

$$z\bar{z} = (x + yi)(x - yi) = x^2 + y^2 \geqq 0$$

がなりたつ．

複素数 z に対して，$\sqrt{z\bar{z}}$ を複素数 z の**絶対値**といい，記号 $|z|$ で表す．

$$|z| = \sqrt{z\bar{z}} = \sqrt{x^2 + y^2}$$

2.10. 複素数と e^{xi}

複素数の積と絶対値については，

$$|z_1 z_2| = |z_1||z_2|$$

がなりたつ．

なぜなら，$z_1 = x_1 + y_1 i$, $z_2 = x_2 + y_2 i$ に対して，
$z_1 z_2 = (x_1 x_2 - y_1 y_2) + (x_1 y_2 + x_2 y_1)i$ だから，

$$\begin{aligned}
|z_1 z_2|^2 &= (x_1 x_2 - y_1 y_2)^2 + (x_1 y_2 + x_2 y_1)^2 \\
&= x_1^2 x_2^2 + y_1^2 y_2^2 + x_1^2 y_2^2 + x_2^2 y_1^2 \\
&= (x_1^2 + y_1^2)(x_2^2 + y_2^2) = |z_1|^2 |z_2|^2
\end{aligned}$$

となるからである．

複素数 $z = x + yi$ に対して，座標平面上の点 (x, y) を対応させるとき，座標平面上の点は複素数とみなすことができる．このときの座標平面を**複素平面**と呼び，横軸を**実軸**，縦軸を**虚軸**という．複素平面において，複素数 z の絶対値は，z が表す点と原点の間の距離である．また，複素数 z とその共役複素数 $\bar{z}$ は互いに実軸対称である．

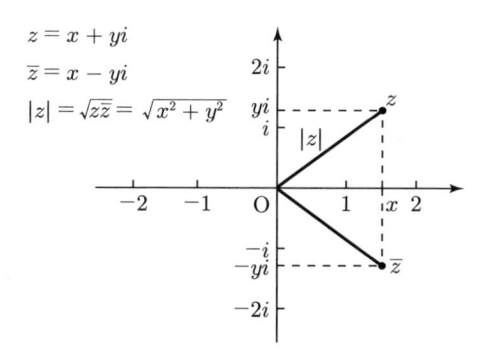

図 2.6 複素平面

複素平面上に原点を中心に半径 1 の円を描く．実数 x に対して，この円周上の点が表す複素数 e^{xi} を次のように定める．

- $x = 0$ のときは，円周上の点 $1 + 0i$ とする．つまり，$e^{0i} = 1$ とする．

- $x > 0$ のときは，点 $1 + 0i$ から円周上を反時計回りに距離 x だけ進んだ点が表す複素数を e^{xi} とする．
- $x < 0$ のときは，点 $1 + 0i$ から円周上を時計回りに距離 $-x$ だけ進んだ点が表す複素数を e^{xi} とする．

このように，複素数 e^{xi} はすべての実数 x に対して定められた．

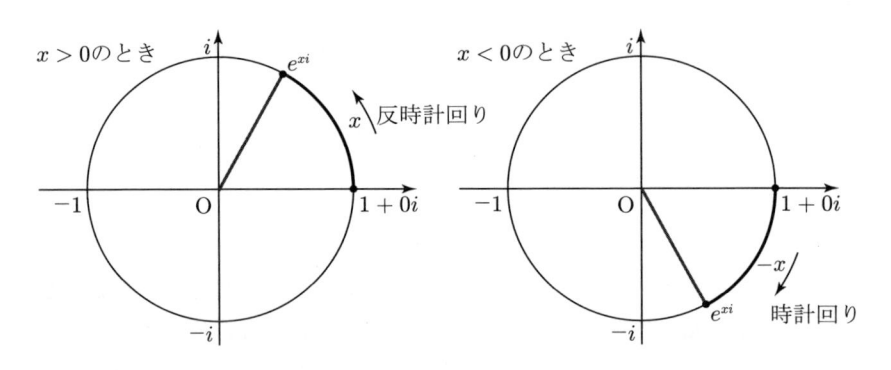

図 2.7 e^{xi} の定義

例題 2.8. 次の値を求めよ．

(1) $e^{2\pi i}$, $e^{-2\pi i}$ (2) $e^{\pi i}$, $e^{-\pi i}$ (3) $e^{\frac{\pi}{2}i}$, $e^{-\frac{3\pi}{2}i}$

(4) $e^{\frac{3\pi}{2}i}$, $e^{-\frac{\pi}{2}i}$ (5) $e^{\frac{\pi}{4}i}$, $e^{-\frac{7\pi}{4}i}$ (6) $e^{\frac{\pi}{3}i}$, $e^{-\frac{5\pi}{3}i}$

【解答】 (1) 半径 1 の円の円周の長さは 2π である．このことから点 $1 + 0i$ から円周上を反時計回りでも時計回りでも距離 2π 進んだ点はいずれも $1 + 0i$ だから，
$$e^{2\pi i} = e^{-2\pi i} = 1$$

(2) 点 $1 + 0i$ から円周上を反時計回りでも時計回りでも距離 π 進んだ点はいずれも $-1 + 0i$ だから，
$$e^{\pi i} = e^{-\pi i} = -1$$

(3) 円周上の点 $0 + i$ は点 $1 + 0i$ から円周上を反時計回りに距離 $\frac{\pi}{2}$ 進んだ点であり，時計回りに $\frac{3\pi}{2}$ 進んだ点だから，

2.10. 複素数と e^{xi}

$$e^{\frac{\pi}{2}i} = e^{-\frac{3\pi}{2}i} = i$$

(4) 円周上の点 $0-i$ は点 $1+0i$ から円周上を反時計回りに距離 $\frac{3\pi}{2}$ 進んだ点であり，時計回りに距離 $\frac{\pi}{2}$ 進んだ点だから，

$$e^{\frac{3\pi}{2}i} = e^{-\frac{\pi}{2}i} = -i$$

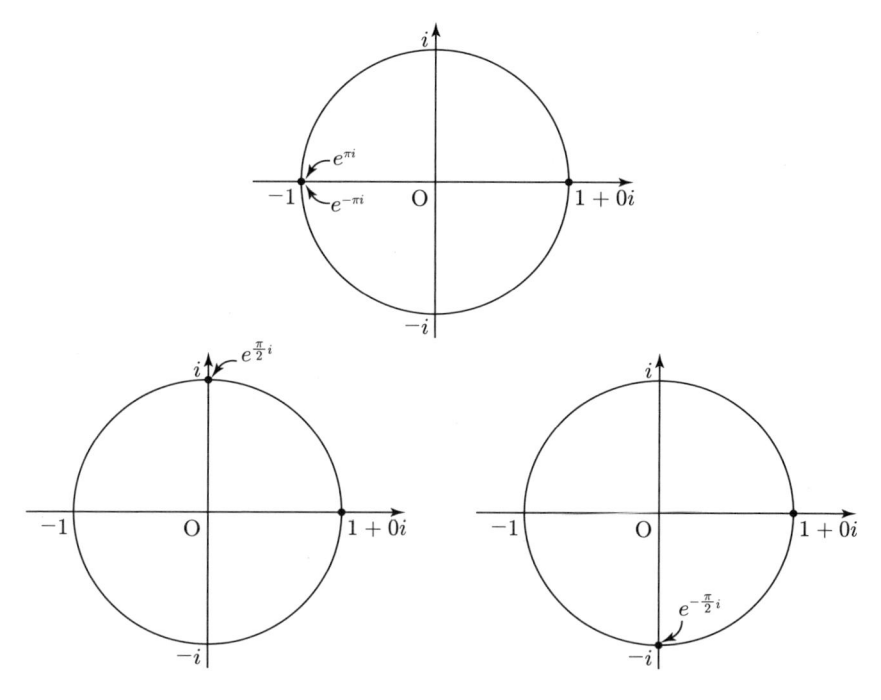

図 2.8 $e^{\pi i} = e^{-\pi i} = -1+0i$（上）と $e^{\frac{\pi}{2}i} = 0+i$（左）と $e^{-\frac{\pi}{2}i} = 0-i$（右）

(5) 円周上の点 $\frac{1}{\sqrt{2}} + \frac{1}{\sqrt{2}}i$ は点 $1+0i$ から円周上を反時計回りに距離 $\frac{\pi}{4}$ 進んだ点であり，時計回りに距離 $\frac{7\pi}{4}$ 進んだ点だから，

$$e^{\frac{\pi}{4}i} = e^{-\frac{7\pi}{4}i} = \frac{1}{\sqrt{2}} + \frac{1}{\sqrt{2}}i$$

(6) 円周上の点 $\frac{1}{2} + \frac{\sqrt{3}}{2}i$ は点 $1+0i$ から円周上を反時計回りに距離 $\frac{\pi}{3}$ 進んだ

点であり，時計回りに距離 $\frac{5\pi}{3}$ 進んだ点だから，

$$e^{\frac{\pi}{3}i} = e^{-\frac{5\pi}{3}i} = \frac{1}{2} + \frac{\sqrt{3}}{2}i$$

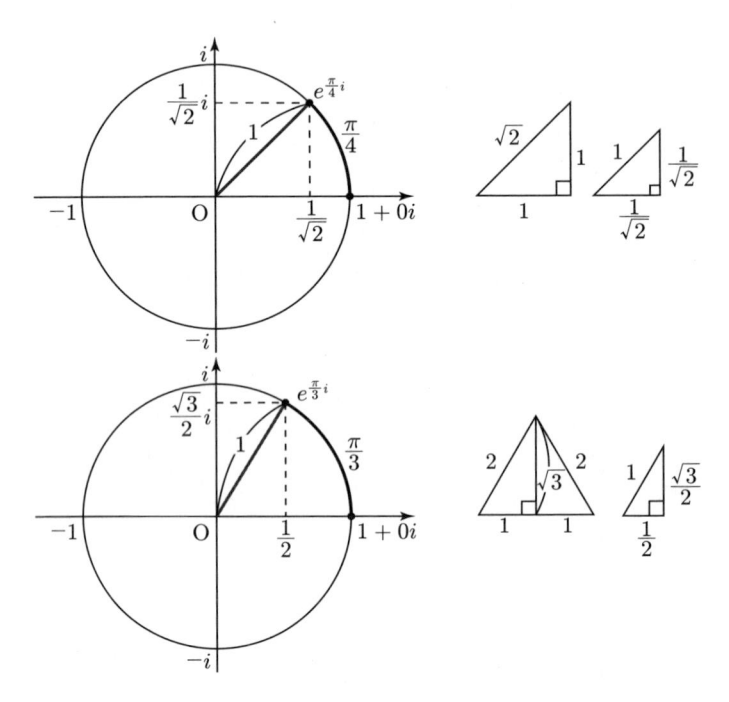

図 2.9 $e^{\frac{\pi}{4}i} = \frac{1}{\sqrt{2}} + \frac{1}{\sqrt{2}}i$（上）と $e^{\frac{\pi}{3}i} = \frac{1}{2} + \frac{\sqrt{3}}{2}i$（下）

■

問題 2.6. 次の複素数の値を求めよ．
(1) $e^{\frac{\pi}{6}i}$ (2) $e^{-\frac{\pi}{4}i}$

次の定理は e^{xi} の基本的な性質であり，特に (3) は三角関数の導関数を求めるのに用いる（第 3 章）．

定理 2.6. すべての実数 x に対して定められた e^{xi} は次の性質を持つ．
(1) $|e^{xi}| = 1$ (2) $e^{xi}e^{yi} = e^{(x+y)i}$ (3) $\displaystyle\lim_{x \to 0} \frac{e^{xi} - 1}{x} = i$

(2) を用いて三角関数の加法定理を導くことができるが，(2) の証明は三角比の加法定理の証明よりも簡単である．(3) は後で三角関数の導関数の公式を導くときに用いる．この定理の証明は電子ファイルにおいて示す．

2.11 三角関数 $\sin x$ と $\cos x$

複素数 e^{xi} の実部を $\cos x$，虚部を $\sin x$ とおく．

$$e^{xi} = \cos x + i \sin x$$

$\cos x$ を**コサイン関数**，$\sin x$ を**サイン関数**と呼ぶ．すべての実数 x に対して e^{ix} が定まっているので，コサイン関数 $\cos x$ とサイン関数 $\sin x$ はともに，すべての実数 x に対して定義されている．

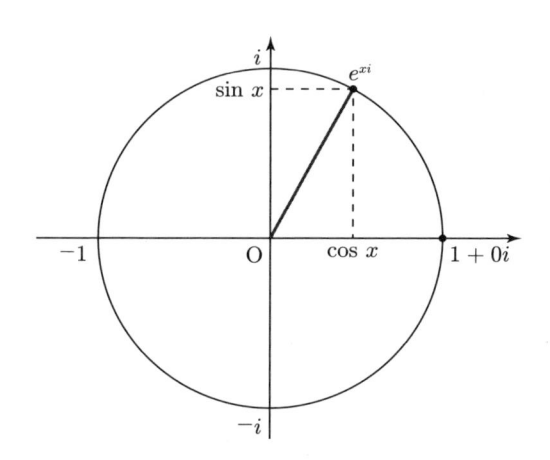

図 **2.10** $\ e^{xi} = \cos x + i \sin x$

$\cos x$ の値や $\sin x$ の値は，x が次のような特別の値の場合を除いて一般的には関数電卓や計算ソフト Excel を用いて知ることができる．

例題 2.9. 次の値を求めよ．

(1) $\cos 2\pi, \quad \sin 2\pi$ (2) $\cos \pi, \quad \sin \pi$ (3) $\cos \dfrac{\pi}{2}, \quad \sin \dfrac{\pi}{2}$

(4) $\cos \dfrac{\pi}{3}, \quad \sin \dfrac{\pi}{3}$ (5) $\cos \dfrac{\pi}{4}, \quad \sin \dfrac{\pi}{4}$ (6) $\cos \dfrac{\pi}{6}, \quad \sin \dfrac{\pi}{6}$

【解答】 (1) $x = 2\pi$ のとき,$e^{2\pi i} = 1 = \cos 2\pi + i \sin 2\pi$ だから,

$$\cos 2\pi = 1, \qquad \sin 2\pi = 0$$

(2) $x = \pi$ のとき,$e^{\pi i} = -1 = \cos \pi + i \sin \pi$ だから,

$$\cos \pi = -1, \qquad \sin \pi = 0$$

(3) $x = \dfrac{\pi}{2}$ のとき,$e^{\frac{\pi}{2}i} = 0 + i = \cos \dfrac{\pi}{2} + i \sin \dfrac{\pi}{2}$ だから,

$$\cos \frac{\pi}{2} = 0, \qquad \sin \frac{\pi}{2} = 1$$

(4) $x = \dfrac{\pi}{3}$ のとき,$e^{\frac{\pi}{3}i} = \dfrac{1}{2} + \dfrac{\sqrt{3}}{2}i = \cos \dfrac{\pi}{3} + i \sin \dfrac{\pi}{3}$ だから,

$$\cos \frac{\pi}{3} = \frac{1}{2}, \qquad \sin \frac{\pi}{3} = \frac{\sqrt{3}}{2}$$

(5) $x = \dfrac{\pi}{4}$ のとき,$e^{\frac{\pi}{4}i} = \dfrac{1}{\sqrt{2}} + \dfrac{1}{\sqrt{2}}i = \cos \dfrac{\pi}{4} + i \sin \dfrac{\pi}{4}$ だから,

$$\cos \frac{\pi}{4} = \frac{1}{\sqrt{2}}, \qquad \sin \frac{\pi}{4} = \frac{1}{\sqrt{2}}$$

(6) $x = \dfrac{\pi}{6}$ のとき,$e^{\frac{\pi}{6}i} = \dfrac{\sqrt{3}}{2} + \dfrac{1}{2}i = \cos \dfrac{\pi}{4} + i \sin \dfrac{\pi}{4}$ だから,

$$\cos \frac{\pi}{6} = \frac{\sqrt{3}}{2}, \qquad \sin \frac{\pi}{6} = \frac{1}{2}$$

∎

問題 2.7. 次の値を求めよ.

(1) $\cos(-\dfrac{\pi}{2}), \quad \sin(-\dfrac{\pi}{2})$ (2) $\cos(-\dfrac{\pi}{3}), \quad \sin(-\dfrac{\pi}{3})$

(3) $\cos(\dfrac{2\pi}{3}), \quad \sin(\dfrac{2\pi}{3})$

　半径 1 の円の円周の長さ x は円周が定める扇形の角度を定める.半径 1 の円の円周の長さで角度を測る方法を**弧度法**と呼び,単位として**ラジアン**をつけることもある.角度の大きさを表す方法としては別に **360 度法**がある.半径 1 の半円の弧の長さは π だから,360 度法で 180° が弧度法で π(ラジアン)ということになる.したがって,直角三角形の辺の長さの比で定めた**三角比**(サイン,コサイン)とは次の関係で対応する.

2.11. 三角関数 $\sin x$ と $\cos x$

弧度法	$\frac{\pi}{6}$	$\frac{\pi}{4}$	$\frac{\pi}{3}$	$\frac{\pi}{2}$	π	1	$\frac{\pi}{180}$
360 度法	30°	45°	60°	90°	180°	$\frac{180}{\pi}$°	1°
sin	$\frac{1}{2}$	$\frac{1}{\sqrt{2}}$	$\frac{\sqrt{3}}{2}$	1	0	0.8415	0.0175
cos	$\frac{\sqrt{3}}{2}$	$\frac{1}{\sqrt{2}}$	$\frac{1}{2}$	0	-1	0.5403	0.9998

　サイン関数とコサイン関数は次の性質をもつ．三角関数についてはここに示すように公式が多いのが学習の負担になり，無理して覚えても使わなければ忘れるものである．そうしたことを考えると，いずれも e^{xi} の性質から導くことができるので，その導き方に習熟することが効果的な学習法であろう．

定理 2.7. (1)　$-1 \leqq \cos x \leqq 1,$　　$-1 \leqq \sin x \leqq 1$

(2)　$\cos^2 x + \sin^2 x = 1$

ここで，$(\cos x)^2 = \cos x \times \cos x$ を $\cos^2 x$ で表す．同様に，$\sin^2 x = (\sin x)^2$.

(3)　$\cos(-x) = \cos x,$　$\sin(-x) = -\sin x$

(4)　$\cos(x + 2\pi) = \cos x,$　　$\sin(x + 2\pi) = \sin x$

(5)　$\cos(x + \pi) = -\cos x,$　$\sin(x + \pi) = -\sin x$

(6)　$\cos(x - \pi) = \cos(x + \pi) = -\cos x$
　　　$\sin(x - \pi) = \sin(x + \pi) = -\sin x$

(7)　$\cos(x + \frac{\pi}{2}) = -\sin x,$　$\sin(x + \frac{\pi}{2}) = \cos x$

(8)　$\cos(x - \frac{\pi}{2}) = \sin x,$　$\sin(x - \frac{\pi}{2}) = -\cos x$

(9)　$\cos(x + y) = \cos x \cos y - \sin x \sin y$
　　　$\sin(x + y) = \sin x \cos y + \cos x \sin y$

(10)　$\cos x + \cos y = 2\cos\frac{x+y}{2}\cos\frac{x-y}{2}$
　　　$\sin x + \sin y = 2\sin\frac{x+y}{2}\cos\frac{x-y}{2}$

　この定理は e^{xi} の性質から導くことができるが，証明は電子ファイルにおいて示す．なお，性質 (9) と性質 (10) は性質

$$e^{xi}e^{yi} = e^{(x+y)i}$$

から導くことができるが，それら以外の性質については，以下のように図を用いて導くこともできる．

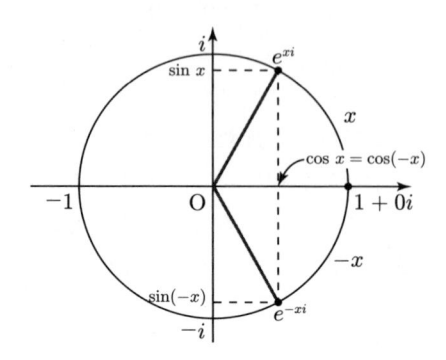

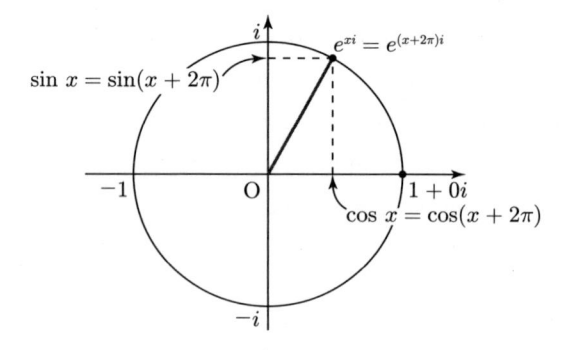

図 2.11　$\cos(-x) = \cos x$, $\quad \sin(-x) = -\sin x$ （上）と
　　　　$\cos(x + 2\pi) = \cos x$, $\quad \sin(x + 2\pi) = \sin x$ （下）

2.11. 三角関数 $\sin x$ と $\cos x$

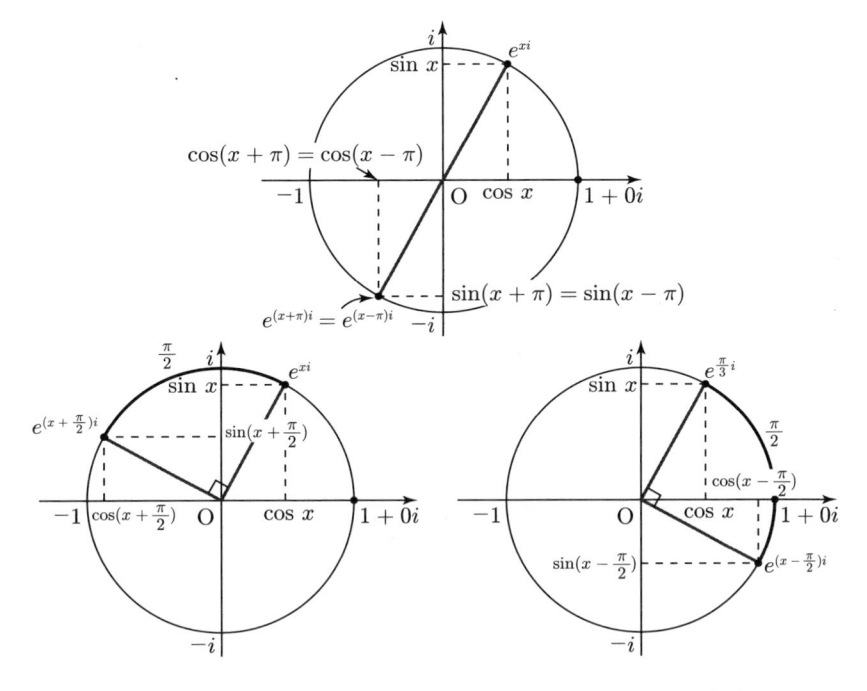

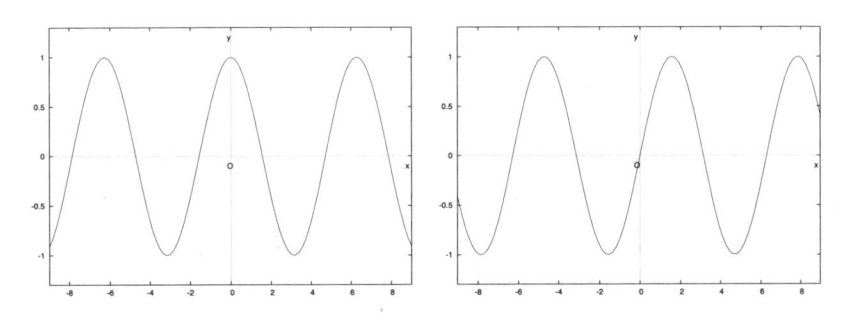

図 2.12 $\cos(x \pm \pi) = -\cos x,\quad \sin(x \pm \pi) = -\sin x$ （上）と $\cos(x \pm \frac{\pi}{2}) = -(\pm \sin x)$ （左）と $\sin(x \pm \frac{\pi}{2}) = \pm \cos x$ （右）

図 2.13 コサイン関数 $y = \cos x$ （左）とサイン関数 $y = \sin x$ のグラフ（右）

コサイン関数 $y = \cos x$ のグラフとサイン関数 $y = \sin x$ のグラフはいずれも 2π を周期として，-1 と 1 の間を波を打って変化する．

関数 $\frac{\sin x}{\cos x}$ を記号 $\tan x$ で表し，**タンジェント関数**という．

$$\tan x = \frac{\sin x}{\cos x}$$

タンジェント関数 $\tan x$ は $\cos x = 0$ となる $x = \frac{\pi}{2} + 2\pi n \ (n = 0, \pm 1, \pm 2, \cdots)$ では定義されていない．

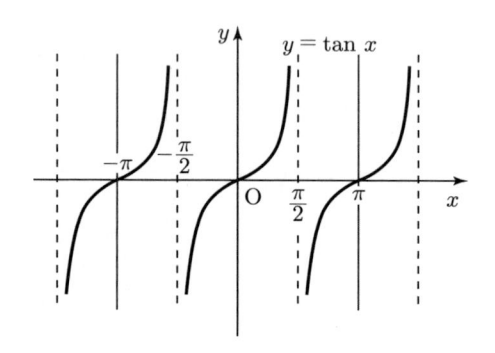

図 2.14　タンジェント関数 $y = \tan x$ のグラフ

定理 2.8. タンジェント関数は次の性質を持つ．

(1) $\tan(-x) = \tan x$

(2) $\tan(x + y) = \dfrac{\tan x + \tan y}{1 - \tan x \tan y}$

(3) $\tan(x + \pi) = \tan x$

サイン関数とコサイン関数の性質を用いて簡単に証明できるが，証明は電子ファイルで示す．電子ファイルにおいて，サイン関数とコサイン関数からできる関数 $y = \cos x + 2\sin 3x \ \ (-6 \leqq x \leqq 6)$ のグラフを Excel を用いて描いたものを示す．

2.12　2章章末問題

問題 2.8. 等式 $e^{\log x} = x$ がなりたつことを示せ.

問題 2.9. 関数 $x = e^{y^2}$ $(y \geqq 0)$ の逆関数をその定義域と値域を含めて求めよ.

問題 2.10. $\cos 2x$ および $\sin 2x$ を e^{ix} を用いて $\cos x$ と $\sin x$ で表せ.

問題 2.11. $\cos 3x$ および $\sin 3x$ を e^{ix} を用いて $\cos x$ と $\sin x$ で表せ.

問題 2.12. 次の値を求めよ.

(1) $\sin(\sin^{-1} \dfrac{1}{\sqrt{2}})$ 　　(2) $\sin^{-1}(\sin \dfrac{5\pi}{4})$ 　　(3) $\cos(\cos^{-1} \dfrac{1}{2})$

(4) $\cos^{-1}(\cos \dfrac{4\pi}{3})$ 　　(5) $\tan(\tan^{-1}(\dfrac{-1}{\sqrt{3}}))$ 　　(6) $\tan^{-1}(\tan(\dfrac{-5\pi}{6}))$

第3章

導 関 数

3.1 導関数とその表し方

関数の増加減少の状態を表す関数が導関数である．まず，導関数を表す記号から学ぶことにする．関数 $y = f(x)$ の導関数を

$$f'(x) \quad \text{あるいは，} \quad (f(x))' \quad \text{あるいは，} \quad y' \quad \text{あるいは，} \quad \frac{dy}{dx}$$

で表す．たとえば，関数 $f(x) = x^2$ の導関数は $f'(x) = 2x$ である．この関数を従属変数を用いて $y = x^2$ と表すときは，導関数を $y' = 2x$，あるいは，$\frac{dy}{dx} = 2x$ で表す．さらにまた，この関数を関数記号や従属変数を用いないで表すときは，$(x^2)' = 2x$ とも表す．このように導関数の表し方はいく通りもあるが，それぞれに利点があるので，すべての表し方に馴染むことが必要である．

3.2 導関数の求め方

関数 $f(x)$ の導関数 $f'(x)$ の $x = a$ における値 $f'(a)$ を次によって求める．

$$f'(a) = \lim_{x \to a} \frac{f(x) - f(a)}{x - a}$$

これは，$h = x - a$ とおくことにより，

$$f'(a) = \lim_{h \to 0} \frac{f(a+h) - f(a)}{h}$$

とも表すことができる．上の等式の右辺の極限値がいつでも定まるわけではない．極限値 $f'(a)$ が定まるとき，関数 $f(x)$ は $x = a$ で**微分可能**であるといい，$f'(a)$ を関数 $f(x)$ の $x = a$ における**微分係数**という．関数 $f(x)$ が区間のすべての点で微分可能であるとき，$f'(x)$ はその区間で定義された関数となる．このとき，$f'(x)$ を関数 $f(x)$ の**導関数**と呼ぶ．

例 3.1. 関数 $f(x) = x^2$ について，$-\infty < a < \infty$ とすると，

3.2. 導関数の求め方

$$f'(a) = \lim_{x \to a} \frac{f(x) - f(a)}{x - a} = \lim_{x \to a} \frac{x^2 - a^2}{x - a}$$
$$= \lim_{x \to a} \frac{(x - a)(x + a)}{x - a} = \lim_{x \to a}(x + a) = 2a$$

したがって，関数 $f(x) = x^2$ は $(-\infty, \infty)$ のすべての点で微分可能であり，a を x で書き直せば，導関数は $f'(x) = 2x$ となる．

例 3.2. 関数 $f(x) = x$ について，$-\infty < a < \infty$ とすると，

$$f'(a) = \lim_{x \to a} \frac{f(x) - f(a)}{x - a} = \lim_{x \to a} \frac{x - a}{x - a} = \lim_{x \to a} 1 = 1$$

したがって，関数 $f(x) = x$ は $(-\infty, \infty)$ のすべての点で微分可能であり，a を x と書き直せば，導関数は $f'(x) = 1$ となる．

例 3.3. 関数 $f(x) = c$（定数）について，$-\infty < a < \infty$ とすると，

$$f'(a) = \lim_{x \to a} \frac{f(x) - f(a)}{x - a} = \lim_{x \to a} \frac{c - c}{x - a} = \lim_{x \to a} 0 = 0$$

したがって，定数関数 $f(x) = c$ は $(-\infty, \infty)$ のすべての点で微分可能であり，a を x で書き直せば，導関数は $f'(x) = 0$ となる．

例 3.4. 関数 $f(x) = \sqrt{x}$ について，$0 < a < \infty$ とすると，

$$f'(a) = \lim_{x \to a} \frac{f(x) - f(a)}{x - a}$$
$$= \lim_{x \to a} \frac{\sqrt{x} - \sqrt{a}}{x - a} = \lim_{x \to a} \frac{(\sqrt{x} - \sqrt{a})(\sqrt{x} + \sqrt{a})}{(x - a)(\sqrt{x} + \sqrt{a})}$$
$$= \lim_{x \to a} \frac{x - a}{(x - a)(\sqrt{x} + \sqrt{a})} = \lim_{x \to a} \frac{1}{\sqrt{x} + \sqrt{a}} = \frac{1}{2\sqrt{a}}$$

したがって，関数 $f(x) = \sqrt{x}$ は $(0, \infty)$ のすべての点で微分可能であり，導関数は $f'(x) = \frac{1}{2\sqrt{x}}$ となる．

例 3.5. 関数 $f(x) = |x|$ について，
$x > 0$ のとき $|x| = x$，$x < 0$ のとき $|x| = -x$ だから，

$$\lim_{x \to 0+} \frac{f(x) - f(0)}{x - 0} = \lim_{x \to 0+} \frac{x - 0}{x - 0} = \lim_{x \to 0+} 1 = 1$$
$$\lim_{x \to 0-} \frac{f(x) - f(0)}{x - 0} = \lim_{x \to 0-} \frac{-x - 0}{x - 0} = \lim_{x \to 0-} (-1) = -1$$

となる．つまり，右極限値と左極限値が異なり，$f'(0)$ が定まらない．すなわち，この関数は $x=0$ で微分可能でない．

$x>0$ のとき，$f(x)=x$ だから，例 3.2 で示したように，この関数は $(0,\infty)$ のすべての点で微分可能で，$f'(x)=1$ となる．また，$x<0$ のとき，$f(x)=-x$ だから，この関数は $(-\infty,0)$ のすべての点で微分可能であり，$f'(x)=-1$ となる．つまり，関数 $f(x)=|x|$ は $x=0$ で微分可能でなく，$x\neq 0$ で微分可能である．

次がなりたつ．

定理 3.1. 関数 $f(x)$ が $x=a$ で微分可能ならば，$x=a$ で連続である．

この定理の証明は電子ファイルにおいて示す．

3.3 公式を用いた導関数の求め方

関数の導関数を，そのたびに極限値を計算して求めるのではなく，公式を利用して求めることが有効である．

定理 3.2. 関数 $y=x^a$ （ただし，a は実数）の導関数は $y'=ax^{a-1}$，すなわち，
$$(x^a)' = ax^{a-1}$$

この定理の証明は後回し（例題 3.7）にして，これを用いて導関数を求める．

例題 3.1. 微分公式 $(x^a)'=ax^{a-1}$ を用いて，次の関数の導関数を求めよ．

(1) x^2　　(2) x　　(3) 1　　(4) $\sqrt{x}$　　(5) x^3　　(6) $x\sqrt{x}$

【解答】　(1)　　$(x^2)' = 2x^{2-1} = 2x$ 　　　　　　　　　　　　　　　（例 3.1）
(2)　　$(x)' = (x^1)' = 1x^{1-1} = x^0 = 1$ 　　　　　　　　　　　（例 3.2）
(3)　　$(1)' = (x^0)' = 0x^{0-1} = 0$ 　　　　　　　　　　　　　　（例 3.3）
(4)　　$(\sqrt{x})' = (x^{\frac{1}{2}})' = \frac{1}{2}x^{\frac{1}{2}-1} = \frac{1}{2}x^{-\frac{1}{2}} = \frac{1}{2x^{\frac{1}{2}}} = \frac{1}{2\sqrt{x}}$ 　　（例 3.4）
(5)　　$(x^3)' = 3x^{3-1} = 3x^2$
(6)　　$(x\sqrt{x})' = (x^{1+\frac{1}{2}})' = (x^{\frac{3}{2}})' = \frac{3}{2}x^{\frac{3}{2}-1} = \frac{3}{2}x^{\frac{1}{2}} = \frac{3\sqrt{x}}{2}$　　■

3.3. 公式を用いた導関数の求め方

問題 3.1. 次の関数の導関数を求めよ．

(1) $y = x^2\sqrt{x}$ 　　　　(2) $y = \dfrac{1}{x^3}$

関数の 1 次結合，積，商の導関数を求める公式が次のものである．

定理 3.3. 2 つの関数 $f(x), g(x)$ のそれぞれの導関数 $f'(x), g'(x)$ が存在するとき，**1 次結合** $cf(x) + dg(x)$ （c, d は定数），積 $f(x)g(x)$，商 $\dfrac{g(x)}{f(x)}$ の導関数が存在し，次がなりたつ．

(1) 　　$(cf(x) + dg(x))' = cf'(x) + dg'(x)$

(2) 　　$(f(x)g(x))' = f'(x)g(x) + f(x)g'(x)$

(3) 　　$\left(\dfrac{g(x)}{f(x)}\right)' = \dfrac{f(x)g'(x) - f'(x)g(x)}{f(x)^2}$ 　　　　（$f(x) \neq 0$ をみたす x で）

特に，$\left(\dfrac{1}{f(x)}\right)' = -\dfrac{f'(x)}{f(x)^2}$ 　　（$f(x) \neq 0$ をみたす x で）

定理 3.3(1) において $c = d = 1$ とおけば，$(f(x) + g(x))' = f'(x) + g'(x)$ が，また，$c = 1, d = -1$ とおけば，$(f(x) - g(x))' = f'(x) - g'(x)$ がなりたつ．この定理の証明は電子ファイルにおいて示す．

例題 3.2. 関数の 1 次結合，積，商の導関数を公式を用いて，次の関数のそれぞれ導関数を求めよ．

(1) $2x^3 - 3x^2$ 　　(2) $3x^4 + 2x - 4$ 　　(3) $(x^2 + 1)(x^2 - 1)$

(4) $(\sqrt{x} - 2)(\sqrt{x} + 2)$ 　　(5) $\dfrac{x}{x^2 + 1}$ 　　(6) $\dfrac{\sqrt{x}}{x + 1}$

【解答】 (1) $(2x^3 - 3x^2)' = 2(x^3)' - 3(x^2)' = 2 \times 3x^2 - 3 \times 2x = 6x(x - 1)$

(2) $(3x^4 + 2x - 4)' = 3(x^4)' + 2(x)' + 0 = 3 \times 4x^3 + 2 \times 1 = 12x^3 + 2$

(3) $y = (x^2 + 1)(x^2 - 1)$ について，

$$y' = (x^2 + 1)'(x^2 - 1) + (x^2 + 1)(x^2 - 1)'$$
$$= 2x(x^2 - 1) + (x^2 + 1) \times 2x = 2x \times 2x^2 = 4x^3$$

　　別解　　$y = x^4 - 1$ だから，$y' = 4x^3$．

(4) $y = (\sqrt{x} - 2)(\sqrt{x} + 2)$ について，

$$y' = (x^{\frac{1}{2}} - 2)'(\sqrt{x} + 2) + (\sqrt{x} - 2)(x^{\frac{1}{2}} + 2)'$$
$$= \frac{1}{2}x^{-\frac{1}{2}}(\sqrt{x} + 2) + (\sqrt{x} - 2) \times \frac{1}{2}x^{-\frac{1}{2}}$$
$$= \frac{1}{2\sqrt{x}}(\sqrt{x} + 2) + (\sqrt{x} - 2) \times \frac{1}{2\sqrt{x}} = 1$$

別解　$y = x - 4$ だから，$y' = 1$.

(5) $y = \dfrac{x}{x^2 + 1}$ について，

$$y' = \frac{(x^2 + 1)(x)' - (x^2 + 1)'x}{(x^2 + 1)^2} = \frac{x^2 + 1 - 2x \times x}{(x^2 + 1)^2} = \frac{-x^2 + 1}{(x^2 + 1)^2}$$

(6) $y = \dfrac{\sqrt{x}}{x + 1}$ について，

$$y' = \frac{(x + 1)(x^{\frac{1}{2}})' - (x + 1)'\sqrt{x}}{(x + 1)^2}$$
$$= \frac{(x + 1) \times \frac{1}{2\sqrt{x}} - 1 \times \sqrt{x}}{(x + 1)^2} = \frac{(x + 1) - 2x}{2\sqrt{x}(x + 1)^2} = \frac{-x + 1}{2\sqrt{x}(x + 1)^2}$$

■

問題 3.2. 次の関数の導関数を求めよ．
(1) $y = 3x + 2\sqrt{x}$ 　(2) $y = \sqrt{x}(x - 2)$ 　(3) $y = (3x - 2)(2x^2 + 1)$
(4) $y = \dfrac{2x}{x^2 - 1}$ 　(5) $y = \dfrac{x^2 + 3}{2x + 1}$

3.4　合成関数の導関数

　関数 $y = f(t)$ に関数 $t = g(x)$ を代入して得られる関数 $y = f(g(x))$ を，関数 $y = f(t)$ と関数 $t = g(x)$ の**合成関数**という．たとえば，関数 $y = t^2$ と関数 $t = x^2 + 1$ の合成関数は，$y = (x^2 + 1)^2$ である．また，関数 $y = \sqrt{x^2 + x + 1}$ は，関数 $y = \sqrt{t}$ と関数 $t = x^2 + x + 1$ の合成関数である．

定理 3.4 (合成関数の微分公式). 関数 $y = f(t)$ と関数 $t = g(x)$ はともに導関数が存在するとき，合成関数 $y = f(g(x))$ にも導関数が存在して，

$$\frac{dy}{dx} = f'(g(x))g'(x)$$

がなりたつ．この等式は，
$$\frac{dy}{dx} = \frac{dy}{dt}\frac{dt}{dx}$$
とも表せる．

すぐ上の等式は，y を x で微分した $\frac{dy}{dx}$ が，y を t で微分した $\frac{dy}{dt}$ と t を x で微分した $\frac{dt}{dx}$ の積に等しいことを示している．ただし，右辺の $\frac{dy}{dt}$ には $t = g(x)$ と合成することが省略されている．この定理の証明は電子ファイルにおいて示す．

例題 3.3. 合成関数の微分公式（定理 3.4）を用いて，関数 $y = (x^2+1)^2$, $y = \sqrt{x^2+x+1}$ のそれぞれ導関数を求めよ．

【解答】 (1)　$y = (x^2+1)^2$ は $y = t^2$ と $t = x^2+1$ の合成関数だから，
$$\frac{dy}{dx} = \frac{dy}{dt}\frac{dt}{dx} = 2t \times 2x = 4x(x^2+1)$$
別解　$y = x^4 + 2x^2 + 1$ だから，$y' = 4x^3 + 4x^2 = 4x(x^2+1)$
(2)　$y = \sqrt{x^2+x+1}$ は $y = t^{\frac{1}{2}}$ と $t = x^2+x+1$ の合成関数だから，
$$\frac{dy}{dx} = \frac{dy}{dt}\frac{dt}{dx} = \frac{1}{2}t^{-\frac{1}{2}} \times (2x+1) = \frac{2x+1}{2\sqrt{x^2+x+1}}$$

■

問題 3.3. 次の関数の導関数を合成関数の導関数の公式を用いて求めよ．
(1)　$y = (\sqrt{x}+1)^3$
(2)　$y = \sqrt{x+\sqrt{x}}$

3.5　指数関数，対数関数，三角関数の導関数

定理 3.5. 指数関数，自然対数関数，三角関数の導関数は次の通りである．

(1)　$(e^x)' = e^x$
(2)　$(\log x)' = \dfrac{1}{x}$
(3)　$(\sin x)' = \cos x$
(4)　$(\cos x)' = -\sin x$

証明. (1) $f(x) = e^x$ とおく. $\lim_{h \to 0} \frac{e^h - 1}{h} = 1$ （定理 2.5 (3)）を用いると,

$$f'(a) = \lim_{h \to 0} \frac{f(a+h) - f(a)}{h} = \lim_{h \to 0} \frac{e^{a+h} - e^a}{h} = \lim_{h \to 0} e^a \times \frac{e^h - 1}{h}$$
$$= e^a \times 1 = e^a$$

したがって, $f'(x) = e^x$, すなわち, $(e^x)' = e^x$.

(2) $f(x) = \log x$ とおく. $\lim_{h \to 0} \frac{1}{h} \log(1 + h) = 1$ （定理 2.5 (2)）を用いると, $a > 0$ とするとき,

$$f'(a) = \lim_{h \to 0} \frac{\log(a+h) - \log a}{h} = \lim_{h \to 0} \frac{1}{h} \log\left(1 + \frac{h}{a}\right)$$
$$= \lim_{\frac{h}{a} \to 0} \frac{1}{a} \times \frac{1}{\frac{h}{a}} \log\left(1 + \frac{h}{a}\right) = \frac{1}{a} \times 1 = \frac{1}{a}$$

したがって, $f'(x) = \frac{1}{x}$, ゆえに, $(\log x)' = \frac{1}{x}$.

(3),(4) $f(x) = e^{xi}$ とおく. $\lim_{h \to 0} \frac{e^{hi} - 1}{h} = i$ （定理 2.6 (3)）を用いると,

$$f'(a) = \lim_{h \to 0} \frac{f(a+h) - f(a)}{h} = \lim_{h \to 0} \frac{e^{(a+h)i} - e^{ai}}{h}$$
$$= \lim_{h \to 0} e^{ai} \times \frac{e^{hi} - 1}{h} = e^{ai} \times i = ie^{ai}$$

したがって, $f'(x) = ie^{xi}$, つまり, $(e^{xi})' = ie^{xi}$.
すなわち, $(\cos x + i \sin x)' = i(\cos x + i \sin x)$, ゆえに,

$$(\cos x)' + i(\sin x)' = -\sin x + i \cos x$$

だから, $(\cos x)' = -\sin x$, $(\sin x)' = \cos x$ が得られる. （証明終）

例題 3.4. 次の関数のそれぞれ導関数を求めよ.

(1) xe^x (2) $x^2 \log x$ (3) $3\sin x + 2\cos x$
(4) $\tan x$ (5) e^{x^2} (6) $\log(x^2 + 1)$
(7) $\sin^3 x$ (8) $\cos x^3$ (9) $e^{\sin^2 x}$

【解答】 (1) 関数の積の導関数の公式（定理 3.3(2)）を用いると,

3.5. 指数関数，対数関数，三角関数の導関数

$$(xe^x)' = (x)'e^x + x(e^x)' = 1 \times e^x + xe^x = e^x(1+x)$$

(2) 関数の積の導関数の公式を用いると，

$$(x^2 \log x)' = (x^2)' \log x + x^2 (\log x)' = 2x \log x + x^2 \times \frac{1}{x} = x(2\log x + 1)$$

(3) 関数の1次結合の導関数の公式（定理 3.3(1)）を用いると，

$$(3\sin x + 2\cos x)' = 3(\sin x)' + 2(\cos x)' = 3\cos x - 2\sin x$$

(4) 関数の商の導関数の公式（定理 3.3(3)）を用いると，

$$(\tan x)' = \left(\frac{\sin x}{\cos x}\right)' = \frac{\cos x (\sin x)' - (\cos x)' \sin x}{\cos^2 x}$$
$$= \frac{\cos^2 x + \sin^2 x}{\cos^2 x} = \frac{1}{\cos^2 x}$$

(5) $y = e^{x^2}$ は $y = e^t$ と $t = x^2$ の合成関数だから，

$$\frac{dy}{dx} = \frac{dy}{dt}\frac{dt}{dx} = e^t \times 2x = 2xe^{x^2}$$

これは次のように考えて計算することができる．

$$\frac{de^{x^2}}{dx} = \frac{de^{x^2}}{dx^2} \times \frac{dx^2}{dx} = e^{x^2} \times 2x = 2xe^{x^2}$$

つまり，e^{x^2} を x で微分するには，まず，e^{x^2} を x^2 で微分し，それに，x^2 を x で微分したものを掛けるという計算を行っている．

(6) $y = \log(x^2 + 1)$ は $y = \log t$ と $t = x^2 + 1$ の合成関数だから，

$$\frac{dy}{dx} = \frac{dy}{dt}\frac{dt}{dx} = \frac{1}{t} \times (2x + 0) = \frac{2x}{x^2 + 1}$$

これは次のように考えて計算することができる．

$$\frac{d\log(x^2+1)}{dx} = \frac{d\log(x^2+1)}{d(x^2+1)} \times \frac{d(x^2+1)}{dx} = \frac{1}{x^2+1} \times 2x = \frac{2x}{x^2+1}$$

つまり，$\log(x^2+1)$ を x で微分するには，まず，$\log(x^2+1)$ を x^2+1 で微分し，それに，x^2+1 を x で微分したものを掛けるという計算を行っている．

(7) $y = \sin^3 x$ は $y = t^3$ と $t = \sin x$ の合成関数だから，

$$\frac{dy}{dx} = \frac{dy}{dt}\frac{dt}{dx} = 3t^2 \times \cos x = 3\sin^2 x \cos x$$

(8)　$y = \cos x^3$ は，$y = \cos t$ と $t = x^3$ の合成関数だから，

$$\frac{dy}{dx} = \frac{dy}{dt}\frac{dt}{dx} = -\sin t \times 3x^2 = -3x^2 \sin x^3$$

(9)　$y = e^{\sin^2 x}$ は，$y = e^t$ と，$t = u^2$ と，$u = \sin x$ との合成関数だから，

$$\frac{dy}{dx} = \frac{dy}{dt}\frac{dt}{du}\frac{du}{dx} = e^t \times 2u \times \cos x = 2\sin x \cos x \, e^{\sin^2 x}$$

∎

問題 3.4. 次の関数の導関数を求めよ．

(1)　$y = x\cos x$　　　(2)　$y = \dfrac{\cos x}{\sin x}$　　　(3)　$y = e^{\cos x}$

(4)　$y = \log(\sin x)$　　　(5)　$y = \log(x^2 + x + 1)$　　　(6)　$y = \sin(x^2 + 1)$

例題 3.5. 関数 $y = e^{ax}$ （a は定数）の導関数を求めよ．

【解答】　$\dfrac{dy}{dx} = \dfrac{de^{ax}}{d(ax)} \times \dfrac{d(ax)}{dx} = e^{ax} \times a = ae^{ax}$ ∎

例題 3.6. 関数 $y = \log|x|$ の導関数を求めよ．

【解答】　$x > 0$ のとき $y = \log x$ だから，$\dfrac{dy}{dx} = \dfrac{1}{x}$
$x < 0$ のとき $y = \log(-x)$ だから，

$$\frac{dy}{dx} = \frac{d\log(-x)}{d(-x)} \times \frac{d(-x)}{dx} = \frac{1}{-x} \times (-1) = \frac{1}{x}$$

したがって，$(\log|x|)' = \dfrac{1}{x}$　　（$x \neq 0$ のとき） ∎

例題 3.7. 関数 $y = x^a$ （a は定数）の導関数を求めよ．

【解答】　$y = x^a$ の両辺の対数をとると，

$$\log y = a \log x$$

両辺を x で微分すると，

3.6. 導関数の意味と微分　　　　　　　　　　　　　　　　　　　　　　　59

$$\frac{d\log y}{dy} \times \frac{dy}{dx} = a \times \frac{1}{x}, \qquad \frac{1}{y} \times y' = \frac{a}{x}$$

ゆえに，

$$y' = \frac{a}{x} \times y = \frac{a}{x} \times x^a = ax^{a-1}$$

つまり，$(x^a)' = ax^{a-1}$ となり，定理 3.2 が証明された． ∎

例題 3.8. 関数 $y = a^x$ （a は定数）の導関数を求めよ．

【解答】 $y = a^x$ の両辺の対数をとると，

$$\log y = x \log a$$

両辺を x で微分すると，

$$\frac{1}{y} \times y' = \log a$$

ゆえに，　$y' = \log a \times y = \log a \times a^x$，つまり，$(a^x)' = (\log a)a^x$
特に，$a = e$ のとき，$(e^x)' = e^x$ が得られる． ∎

3.6　導関数の意味と微分

　微分可能な関数 $f(x)$ について，$x = a$ から $x = a + h$ まで変化したとき，関数の値は $f(a)$ から $f(a+h)$ に変化する．このとき，x の変化に対する $f(x)$ の値の変化の割合（変化率）は

$$\frac{f(a+h) - f(a)}{(a+h) - a}$$

である．この変化率の，h を 0 に限りなく近づけたときの極限値は

$$\lim_{h \to 0} \frac{f(a+h) - f(a)}{(a+h) - a)} = \lim_{h \to 0} \frac{f(a+h) - f(a)}{h} = f'(a)$$

となる．すなわち，$f'(a)$ は点 a から h だけ動いたときの関数の値の変化率の h が限りなく 0 に近づいたときの極限値になっている．つまり，$f'(a)$ は $x = a$ で x が微小変化したときの変化率という意味で関数 $f(x)$ の $x = a$ における**瞬間変化率**とも呼ばれる．

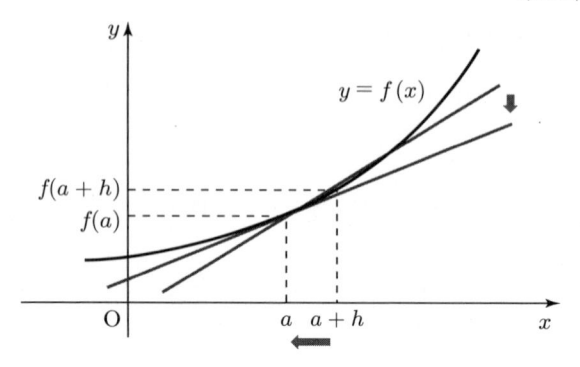

図 3.1 $f'(a)$ は $f(x)$ の $x = a$ における瞬間変化率

　$f'(a)$ が関数 $f(x)$ の $x = a$ における瞬間変化率であることから，関数 $f(x)$ について，$f'(a) > 0$ ならば，$x = a$ においてこの関数は増加しており，$f'(a) < 0$ ならば，$x = a$ においてこの関数は減少している．このことについての詳しい議論は次の章で行う．

　$f'(a)$ は $x = a$ で x が微小変化したときの変化率，瞬間変化率であるといった．では，微小（瞬間）とはどれくらい微小かと問われるならば，0だけといわざるを得ない．言葉通りだと変化しないということになりかねないが，数としては意味を持たない $\frac{0}{0}$ も，変化の割合（変化率）の極限，つまり，微小変化の比として意味を持ってくる．このことを具体化するのが次の微分の概念である．

　関数 $y = f(x)$ について，

$$\Delta y = f(x + \Delta x) - f(x)$$

を x の**増分**Δx に対する y の増分という．

$$\lim_{\Delta x \to 0} \frac{\Delta y}{\Delta x} = \lim_{\Delta x \to 0} \frac{f(x + \Delta x) - f(x)}{\Delta x} = f'(x) = \frac{dy}{dx}$$

すなわち，増分の比 $\frac{\Delta y}{\Delta x}$ の極限値が導関数 $\frac{dy}{dx}$ である．このことからすれば，dx は増分 Δx の極限，dy は増分 Δy の極限と考えられるが，どちらも大きさは0である．$\frac{0}{0}$ は数として意味を持たないが，増分の極限である dx, dy は，

$$\frac{dy}{dx} = f'(x), \quad \text{つまり，} \quad dy = f'(x)dx$$

の関係のもとで意味を持っている．dy を x の**微分** dx に対する y の微分と呼ぶ．このように考えると，導関数 $f'(x)$ は微分の商 $\frac{dy}{dx}$ に等しいということになる．微分 dy を $df(x)$ で表すこともある．すると，$df(x) = f'(x)dx$ となる．たとえば，

$$dx^2 = 2xdx, \quad de^x = e^x dx, \quad d\sin x = \cos x dx, \quad d\cos x = -\sin x dx$$

となる．微分を大きさ 0 の増分とみなすのは，量が無いものを数 0 で表すことや，直線を描いたとき，線に幅があるのにその幅は 0 であるとみなすことに似ている．

3.7 逆関数とその導関数

y を独立変数とし，x を従属変数とする関数 $x = 2y+1$ について，実数 x を与えたときに，$x = 2y+1$ をみたす実数 y はただ 1 つであり，それは $y = \frac{x-1}{2}$ である．y を独立変数とし，x を従属変数とする関数 $x = y^2$ について，正数 x を与えたとき，$x = y^2$ をみたす実数 y は 2 つあり，それは $y = \sqrt{x}$ と $y = -\sqrt{x}$ である．

一般に，y を独立変数とし，x を従属変数とする関数 $x = f(y)$ の値域に入る実数 x に対して，$x = f(y)$ をみたす実数 y がただ 1 つであるとき，この関数 $x = f(y)$ は**1 対 1** であるという．

関数 $x = 2y+1$ は 1 対 1 であるが，関数 $x = y^2$ は 1 対 1 ではない．

y を独立変数とし，x を従属変数とする 1 対 1 関数 $x = 2y+1$ について，x を与えたときの $x = 2y+1$ をみたす $y = \frac{x-1}{2}$ は，x を独立変数とし，y を従属変数とする関数と見ることができる．この関数 $y = \frac{x-1}{2}$ を関数 $x = 2y+1$ の逆関数であるという．

一般に y を独立変数とし，x を従属変数とする 1 対 1 関数 $x = f(y)$ について，値域に属する x に対して $x = f(y)$ をみたす y を $y = g(x)$ で表すと，これは x を独立変数とし，y を従属変数とする関数になっている．この関数 $y = g(x)$ を関数 $x = f(y)$ の**逆関数**であるという．このとき，$y = g(x)$ は $x = f(y)$ をみたしているので，$x = f(g(x))$ が関数 $x = f(y)$ の値域に属するすべての実数 x に対してなりたっている．

y を独立変数とし，x を従属変数とする関数 $x = y^2$ は 1 対 1 でないので，逆

関数は存在しないが，定義域を狭くした関数 $x = y^2$ $(0 \leqq y < \infty)$ は，値域に属する $0 \leqq x < \infty$ に対して $x = y^2$ をみたす実数 y は $y = \sqrt{x}$ のただ 1 つであるので，1 対 1 である．このとき得られた x を独立変数，y を従属変数とみた関数 $y = \sqrt{x}$ $(0 \leqq x < \infty)$ は，関数 $x = y^2$ $(0 \leqq y < \infty)$ の逆関数である．

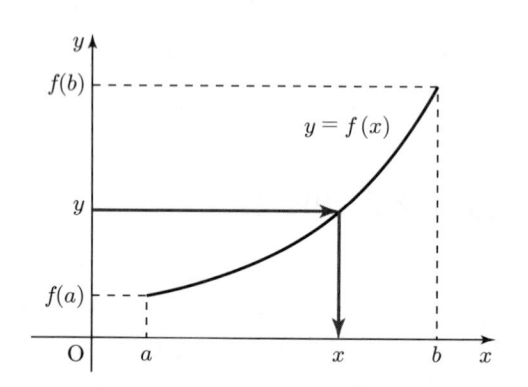

図 3.2 x に対して，$x = f(y)$ をみたす y

例 3.6. (1) 関数 $y = \frac{-x+3}{2}$ は関数 $x = -2y + 3$ の逆関数である．
(2) 関数 $y = \sqrt{2x+1}$ $\left(-\frac{1}{2} \leqq x < \infty\right)$ は関数 $x = \frac{y^2-1}{2}$ $(0 \leqq y < \infty)$ の逆関数である．

例 3.7. 対数関数 $y = \log x$ は指数関数 $x = e^y$ の逆関数である．なぜなら，指数関数 $x = e^y$ は 1 対 1 関数であり，$0 < x < \infty$ をみたす x に対して $e^y = x$ をみたすただ 1 つの y を $\log x$ と表したのであるから，$e^{\log x} = x$ $(0 < x < \infty)$ をみたすからである．

例 3.8. n を自然数とするとき，$y = x^{\frac{1}{n}}$ $(0 \leqq x < \infty)$ は，関数 $x = y^n$ $(0 \leqq y < \infty)$ の逆関数である．なぜなら，関数 $x = y^n$ $(0 \leqq y < \infty)$ は 1 対 1 関数であり，$0 \leqq x < \infty$ に対して，$x = y^n$ をみたすただ 1 つの y を $x^{\frac{1}{n}}$ と表したのであるから，$x = (x^{\frac{1}{n}})^n$ $(0 \leqq x < \infty)$ をみたすからである．

定理 3.6 (逆関数の微分公式). 関数 $x = g(y)$ $(a < y < b)$ が導関数を持ち，

3.7. 逆関数とその導関数

$g'(y) > 0$ ならば，この関数は単調増加，すなわち，

$$a < y_1 < y_2 < b \quad \text{ならば}, \quad g(y_1) < g(y_2)$$

をみたすので，1対1関数である．この関数の逆関数を $y = f(x)$ $(g(a) < x < g(b))$ とすれば，$y = f(x)$ は微分可能であり，

$$y' = \frac{1}{g'(f(x))}$$

となる．この公式は

$$\frac{dy}{dx} = \frac{1}{\frac{dx}{dy}}$$

と表すことができる．ただし，この形においては $y = f(x)$ との合成関数であることは省略されている．

この定理の証明は電子ファイルにおいて示す．

例題 3.9. 指数関数の導関数の公式から，対数関数の導関数の公式を導け．

【解答】 対数関数 $y = \log x$ は指数関数 $x = e^y$ の逆関数だから，

$$\frac{dy}{dx} = \frac{1}{\frac{dx}{dy}} = \frac{1}{e^y} = \frac{1}{x}$$

逆に，対数関数の導関数の公式から，指数関数の導関数の公式を導くこともできる．■

例題 3.10. n を自然数とするとき，関数 $y = x^{\frac{1}{n}}$ $(0 < x < \infty)$ は関数 $x = y^n$ $(0 < y < \infty)$ の逆関数であることを用いて，関数 $y = x^{\frac{1}{n}}$ の導関数の公式を導け．

【解答】

$$\frac{dy}{dx} = \frac{1}{\frac{dx}{dy}} = \frac{1}{ny^{n-1}} = \frac{y^{1-n}}{n} = \frac{1}{n}(x^{\frac{1}{n}})^{1-n} = \frac{1}{n}x^{\frac{1}{n}-1}$$

■

3.8 逆三角関数とそれらの導関数

これまで，多項式関数，指数関数，対数関数，三角関数，および，それらの1次結合，積，商やルートで得られる関数の微分積分を取り扱ってきたが，これから学ぶ逆三角関数を加えると，微分と積分の対象となる関数が大きく広がる．

サイン関数 $x = \sin y$ の定義域を $[-\frac{\pi}{2}, \frac{\pi}{2}]$ に制限すると値域は $[-1, 1]$ であり，$\frac{dx}{dy} = \cos y > 0$ $(-\frac{\pi}{2} < y < \frac{\pi}{2})$ だから，単調増大になり，したがって，1対1関数だから，逆関数が存在する．この逆関数を

$$y = \sin^{-1} x$$

で表し，**インバースサイン関数**という．インバースサイン関数 $y = \sin^{-1} x$ の定義域は $[-1, 1]$ であり，値域は $[-\frac{\pi}{2}, \frac{\pi}{2}]$ の単調増大関数である．

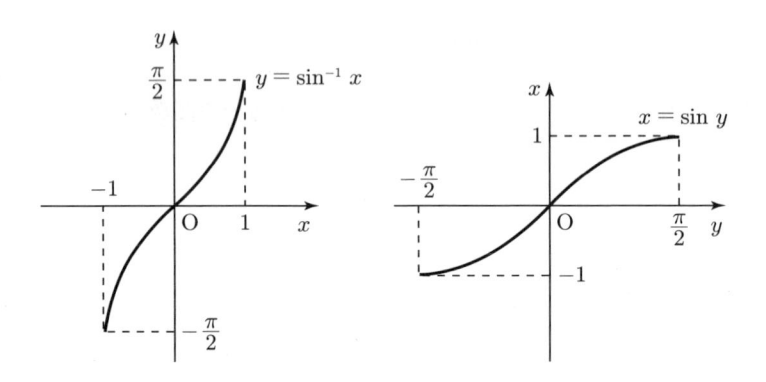

図 3.3　$y = \sin^{-1} x$ のグラフ（左）と $x = \sin y$ $(-\frac{\pi}{2} \leqq y \leqq \frac{\pi}{2})$ のグラフ（右）

コサイン関数 $x = \cos y$ の定義域を $[0, \pi]$ に制限すると値域は $[-1, 1]$ であり，$\frac{dx}{dy} = -\sin y < 0$ $(0 < y < \pi)$ だから，単調減少になり，したがって，1対1関数だから，逆関数が存在する．この逆関数を

$$y = \cos^{-1} x$$

で表し，**インバースコサイン関数**という．インバースコサイン関数 $y = \cos^{-1} x$

3.8. 逆三角関数とそれらの導関数

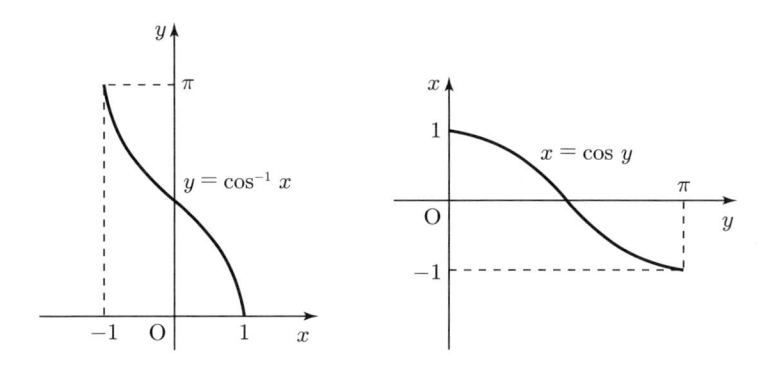

図 3.4 $y = \cos^{-1} x$ のグラフ（左）と $x = \cos y \, (0 \leq y \leq \pi)$ のグラフ（右）

の定義域は $[-1, 1]$ であり，値域は $[0, \pi]$ の単調減少関数である．

タンジェント関数 $x = \tan y = \frac{\sin x}{\cos x}$ の定義域を $\left(-\frac{\pi}{2}, \frac{\pi}{2}\right)$ に制限すると値域は $(-\infty, \infty)$ であり，$\frac{dx}{dy} = \frac{1}{\cos^2 y} > 0$ だから，単調増大になり，したがって，1対1関数だから，逆関数が存在する．この逆関数を

$$y = \tan^{-1} x$$

で表し，**インバースタンジェント関数**という．インバースタンジェント関数 $y = \tan^{-1} x$ の定義域は $(-\infty, \infty)$ であり，値域は $\left(-\frac{\pi}{2}, \frac{\pi}{2}\right)$ の単調増大関数である．

インバースサイン関数，インバースコサイン関数，インバースタンジェント関数をそれぞれ**アークサイン関数，アークコサイン関数，アークタンジェント関数**と呼ぶこともある．これらを総称して**逆三角関数**という．なお，$\cos^2 x, \sin^2 x, \tan^2 x$ はそれぞれ $(\cos x)^2, (\sin x)^2, (\tan x)^2$ のことであるが，$\cos^{-1} x, \sin^{-1} x, \tan^{-1} x$ はいずれも $(\cos x)^{-1}, (\sin x)^{-1}, (\tan x)^{-1}$ などの -1 乗とは異なって逆関数を意味する．

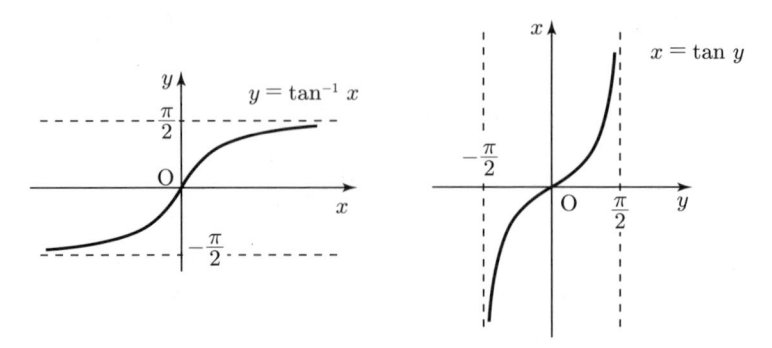

図 3.5 $y = \tan^{-1} x$ のグラフ（左）と $x = \tan y$ $(-\frac{\pi}{2} < y < \frac{\pi}{2})$ のグラフ（右）

定理 3.7. 逆三角関数の導関数は次のようになる．

(1) $(\sin^{-1} x)' = \dfrac{1}{\sqrt{1-x^2}}$ $(-1 < x < 1)$

(2) $(\cos^{-1} x)' = \dfrac{-1}{\sqrt{1-x^2}}$ $(-1 < x < 1)$

(3) $(\tan^{-1} x)' = \dfrac{1}{1+x^2}$

この定理の証明は電子ファイルにおいて示す．

例題 3.11. $a > 0$ とするとき，次の関数の導関数を求めよ．

(1) $\sin^{-1} \dfrac{x}{a}$ (2) $\cos^{-1} \dfrac{x}{a}$ (3) $\tan^{-1} \dfrac{x}{a}$

【解答】 (1) $(\sin^{-1} \dfrac{x}{a})' = \dfrac{d \sin^{-1} \frac{x}{a}}{dx} = \dfrac{d \sin^{-1} \frac{x}{a}}{d(\frac{x}{a})} \times \dfrac{d(\frac{x}{a})}{dx}$

$= \dfrac{1}{\sqrt{1-(\frac{x}{a})^2}} \times \dfrac{1}{a} = \dfrac{1}{\sqrt{a^2-x^2}}$

(2) $(\cos^{-1} \dfrac{x}{a})' = \dfrac{d \cos^{-1} \frac{x}{a}}{dx} = \dfrac{d \cos^{-1} \frac{x}{a}}{d(\frac{x}{a})} \times \dfrac{d(\frac{x}{a})}{dx}$

$= \dfrac{-1}{\sqrt{1-(\frac{x}{a})^2}} \times \dfrac{1}{a} = \dfrac{-1}{\sqrt{a^2-x^2}}$

(3) $(\tan^{-1} \dfrac{x}{a})' = \dfrac{d \tan^{-1} \frac{x}{a}}{dx} = \dfrac{d \tan^{-1} \frac{x}{a}}{d(\frac{x}{a})} \times \dfrac{d(\frac{x}{a})}{dx}$

$= \dfrac{1}{1+(\frac{x}{a})^2} \times \dfrac{1}{a} = \dfrac{a}{a^2+x^2}$ ■

3.8. 逆三角関数とそれらの導関数

例題 3.12. 次の関数の導関数を求めよ．

(1) $y = \cos^{-1}(\tan \frac{x}{2})$ 　　(2) $y = x\sqrt{a^2 - x^2} + a^2 \sin^{-1} \frac{x}{a}$

(3) $y = \tan^{-1} \frac{1-x}{1+x}$

【解答】 (1) 関数 $y = \cos^{-1}(\tan \frac{x}{2})$ は 3 つの関数 $y = \cos^{-1} t$, $t = \tan u$, $u = \frac{x}{2}$ の合成関数だから，

$$\frac{dy}{dx} = \frac{dy}{dt}\frac{dt}{du}\frac{du}{dx} = \frac{-1}{\sqrt{1-t^2}} \times \frac{1}{\cos^2 u} \times \frac{1}{2}$$

$$= \frac{-1}{\sqrt{1 - \frac{\sin^2 u}{\cos^2 u}}} \times \frac{1}{\cos^2 u} \times \frac{1}{2} = \frac{-1}{2|\cos u|\sqrt{\cos 2u}} = \frac{-1}{2|\cos \frac{x}{2}|\sqrt{\cos x}}$$

ここでは三角関数の公式 $\cos^2 u - \sin^2 u = \cos 2u$ を用いた．

(2) $y' = 1 \times \sqrt{a^2 - x^2} + x \times \frac{1}{2}(a^2 - x^2)^{-\frac{1}{2}} \times (-2x) + \frac{a^2}{\sqrt{a^2 - x^2}}$

$$= \frac{(a^2 - x^2) - x^2 + a^2}{\sqrt{a^2 - x^2}} = \frac{2(\sqrt{a^2 - x^2})^2}{\sqrt{a^2 - x^2}} = 2\sqrt{a^2 - x^2}$$

(3) 関数 $y = \tan^{-1} \frac{1-x}{1+x}$ は $y = \tan^{-1} t$, $t = \frac{1-x}{1+x}$ の合成関数だから，

$$\frac{dy}{dx} = \frac{dy}{dt}\frac{dt}{dx} = \frac{1}{1+t^2} \times \frac{(1+x)(1-x)' - (1+x)'(1-x)}{(1+x)^2}$$

$$= \frac{1}{1 + \frac{(1-x)^2}{(1+x)^2}} \times \frac{-(1+x) - (1-x)}{(1+x)^2} = \frac{1}{(1-x)^2 + (1+x)^2} \times (-2)$$

$$= \frac{1}{2 + 2x^2} \times (-2) = \frac{-1}{1 + x^2} \qquad \blacksquare$$

問題 3.5. 次の関数の導関数を求めよ．

(1) $y = \tan^{-1} \frac{1}{x}$ 　　(2) $y = \sin^{-1}(2x\sqrt{1-x^2})$

(3) $y = \cos^{-1}(\frac{e^x - e^{-x}}{e^x + e^{-x}})$

3.9 2次導関数

関数の導関数の導関数を **2次導関数** という．関数 $y = f(x)$ の導関数は $f'(x)$, $(f(x))'$, y', $\frac{dy}{dx}$ のいずれかで表したが，2次の導関数は

$$f''(x), \quad (f(x))'', \quad y'', \quad \frac{d^2y}{dx^2}$$

のいずれかで表す．2次の導関数は関数のグラフ上の各点での曲線の曲がり方を表している．

例題 3.13. 次の関数について，それぞれ2次導関数を求めよ．

(1) $3x^2$ (2) $\sin x$ (3) $\log x$ (4) e^x
(5) xe^x (6) $e^{\frac{x^2}{2}}$ (7) $\log(x^2 + 1)$

【解答】 (1) 関数 $y = 3x^2$ について，

$$y' = 3 \times 2x = 6x, \qquad y'' = 6$$

(2) サイン関数 $y = \sin x$ について，

$$\frac{dy}{dx} = \cos x, \qquad \frac{d^2y}{dx^2} = -\sin x$$

(3) 対数関数 $f(x) = \log x$ について，

$$f'(x) = \frac{1}{x}, \qquad f''(x) = -\frac{1}{x^2}$$

(4) 指数関数 e^x について，

$$(e^x)' = e^x, \qquad (e^x)'' = e^x$$

(5) 関数 $y = xe^x$ について，

$$y' = (x)'e^x + x(e^x)' = e^x + xe^x, \qquad y'' = e^x + e^x + xe^x = (x+2)e^x$$

(6) 関数 $y = e^{\frac{x^2}{2}}$ について，

$$\frac{dy}{dx} = \frac{de^{\frac{x^2}{2}}}{d\frac{x^2}{2}} \times \frac{d\frac{x^2}{2}}{dx} = e^{\frac{x^2}{2}} \times x = xe^{\frac{x^2}{2}}$$

3.10. n 次導関数

関数の積の微分公式（定理 3.3(2)）を用いると，

$$\frac{d^2y}{dx^2} = 1 \times e^{\frac{x^2}{2}} + x(e^{\frac{x^2}{2}})' = e^{\frac{x^2}{2}} + x \times xe^{\frac{x^2}{2}} = (x^2+1)e^{\frac{x^2}{2}}$$

(7) 関数 $f(x) = \log(x^2+1)$ について，

$$f'(x) = \frac{d\,\log(x^2+1)}{d\,(x^2+1)} \times \frac{d\,(x^2+1)}{dx} = \frac{1}{x^2+1} \times 2x = \frac{2x}{x^2+1}$$

関数の商の微分公式（定理 3.3(3)）を用いると，

$$f''(x) = \frac{(x^2+1)(2x)' - (x^2+1)' \times 2x}{(x^2+1)^2} = \frac{2(x^2+1) - 4x^2}{(x^2+1)^2} = \frac{-2(x^2-1)}{(x^2+1)^2} \qquad \blacksquare$$

問題 3.6. 次の関数の 2 次導関数を求めよ．

(1) $\quad y = \sqrt{x^2+1}$ （2） $\quad y = e^{x^2}$ （3） $\quad y = \log(x^3+1)$

(4) $\quad y = \cos(x^2+x+1)$

3.10 n 次導関数

3次導関数，4次導関数，$\cdots$，n 次導関数も考えることができる．関数 $y = f(x)$ について，n 次の導関数は

$$f^{(n)}(x), \qquad y^{(n)}, \qquad \frac{d^n y}{dx^n}$$

のいずれかで表す．

例題 3.14. 次の関数について，それぞれ n 次導関数を求めよ．

(1) $\quad x^5$ （2） $\quad \sin x$

【解答】 (1) 関数 $y = x^5$ について，

$$y' = 5x^4, \quad y'' = 5 \times 4x^3 = 20x^3, \quad y^{(3)} = 20 \times 3x^2 = 60x^2,$$
$$y^{(4)} = 60 \times 2x = 120x, \quad y^{(5)} = 120, \quad y^{(6)} = y^{(7)} = \cdots = 0$$

つまり，$n \geqq 6$ のとき，$y^{(n)} = 0$．

(2) 関数 $f(x) = \sin x$ について，

$f'(x) = \cos x, \quad f''(x) = -\sin x, \quad f^{(3)}(x) = -\cos x, \quad f^{(4)}(x) = \sin x, \cdots$

だから，$n = 0, 1, 2, \cdots$ について，

$$f^{(4n)}(x) = \sin x, \qquad f^{(4n+1)} = \cos x,$$
$$f^{(4n+2)}(x) = -\sin x, \qquad f^{(4n+3)}(x) = -\cos x$$

■

問題 3.7. 次の関数の n 次導関数を求めよ．

(1) $y = e^x$ \qquad (2) $y = \log x$

3.11 3章章末問題

問題 3.8. 次の関数の導関数と 2 次導関数を求めよ．

(1) $\log|\tan\dfrac{x}{2}|$ \qquad (2) $\dfrac{e^x - e^{-x}}{e^x + e^{-x}}$ \qquad (3) $\log(\dfrac{1+\sin x}{\cos x})$

(4) $e^{x^2}\sin x$ \qquad (5) x^x

問題 3.9. 関数 $y = f(x)$ と関数 $x = e^t$ との合成関数 $y = f(e^t)$ に 2 次導関数があれば，$\dfrac{d^2y}{dt^2} - \dfrac{dy}{dt} = x^2\dfrac{d^2y}{dx^2}$ がなりたつことを示せ．

問題 3.10. 関数 $y = f(x)$ と関数 $x = \sin t$ との合成関数 $y = f(\sin t)$ に 2 次導関数があれば，$\dfrac{d^2y}{dt^2} = (1-x^2)\dfrac{d^2y}{dx^2} - x\dfrac{dy}{dx}$ がなりたつことを示せ．

問題 3.11. (1) n 次導関数について，$(xf(x))^{(n)} = xf^{(n)}(x) + nf^{(n-1)}(x)$ がなりたつことを帰納法により証明せよ．
(2) $u = x^n e^{-x}$ について，$x(u'+u) = nu$，および，$xu^{(n+2)} + (x+1)u^{(n+1)} + (n+1)u^{(n)} = 0$ がなりたつことを示せ．
(3) $L_n(x) = e^x \dfrac{d^n}{dx^n}(x^n e^{-x})$ について，$xL_n''(x) - (x-1)L_n'(x) + nL_n(x) = 0$ がなりたつことを示せ．

以下の問題については略解のみを電子ファイルに示す．

問題 3.12. 次の関数の導関数および 2 次導関数を求めよ．

(1) $y = \dfrac{1}{1+\cos x}$ \qquad (2) $y = e^{x^2}\cos x$ \qquad (3) $f(x) = \sqrt{1+\sin^2 x}$
(4) $f(x) = x\log(1+x^2)$

第4章
導関数の応用

4.1 平均値の定理

微分積分学で最も用いられるのが次の平均値の定理である．以下の議論において 2 つのギリシャ文字 θ（シータ，テータ）と ξ（クシー）を記号として用いる．

定理 4.1 (平均値の定理). 閉区間 $[a,b]$ で定義された関数 $f(x)$ が開区間 (a,b) のすべての点で微分可能であり，$x = a$ で**右連続**（$\lim_{x \to a+} f(x) = f(a)$ がなりたつこと），かつ，$x = b$ で**左連続**（$\lim_{x \to b-} f(x) = f(b)$ がなりたつこと）であるならば，
$$\frac{f(b) - f(a)}{b - a} = f'(\xi)$$
をみたす a と b の間の点 ξ が存在する．

平均値の定理の主張は，$x = a$ から $x = b$ までの関数の平均の変化率 $\frac{f(b)-f(a)}{b-a}$ に微分係数 $f'(\xi)$（これは $x = \xi$ での接線の傾きになる）が等しくなる点 ξ が a と b の間に存在するというものである．

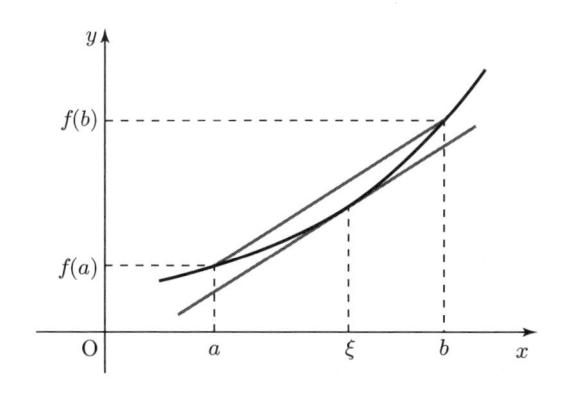

図 4.1 平均値の定理

この定理の証明は電子ファイルで示す．

例題 4.1. 関数 $f(x) = x^2$ と 2 つの異なる実数 a, b について，
$$\frac{f(b) - f(a)}{b - a} = f'(\xi)$$
をみたす a と b の間の点 ξ を求めよ．

【解答】 $\frac{f(b)-f(a)}{b-a} = \frac{b^2-a^2}{b-a} = a+b$, $\quad f'(x) = 2x$ だから，$a+b = 2\xi$, したがって，$\xi = \frac{a+b}{2}$ となる．この ξ は a と b の中点である． ∎

4.2 関数の増加減少と関数の 1 次近似

平均値の定理より次がなりたつ．

定理 4.2. 関数 $f(x)$ が開区間 (a, b) で微分可能であるとする．
(1) $f'(x) > 0$ $(a < x < b)$ ならば，$f(x)$ は区間 (a, b) で，**単調増大**である，すなわち，

$$a < x_1 < x_2 < b \quad \text{ならば}, \quad f(x_1) < f(x_2) \quad \text{をみたす．}$$

(2) $f'(x) < 0$ $(a < x < b)$ ならば，$f(x)$ は区間 (a, b) で，**単調減少**である，すなわち，

$$a < x_1 < x_2 < b \quad \text{ならば}, \quad f(x_1) > f(x_2) \quad \text{をみたす．}$$

この定理の証明は電子ファイルにおいて示す．

例題 4.2. 関数 $f(x) = 3x^4 - 4x^3 - 12x^2 + 20$ の増加減少を調べよ．

【解答】 $f'(x) = 12x^3 - 12x^2 - 24x = 12x(x^2 - x - 2) = 12x(x+1)(x-2)$ だから，$f'(x) = 0$ になるのは，$x = -1, 0, 2$ である．この 3 点を境界点として，区間に分け，$f'(x)$ の符号を調べると，定理 4.2 より，$f(x)$ の増加減少が判定でき，次の表を得る．

x	$-\infty < x < -1$	-1	$-1 < x < 0$	0	$0 < x < 2$	2	$2 < x < \infty$
$f'(x)$	$-$	0	$+$	0	$-$	0	$+$
$f(x)$	減少	15	増加	20	減少	-12	増加

4.2. 関数の増加減少と関数の 1 次近似

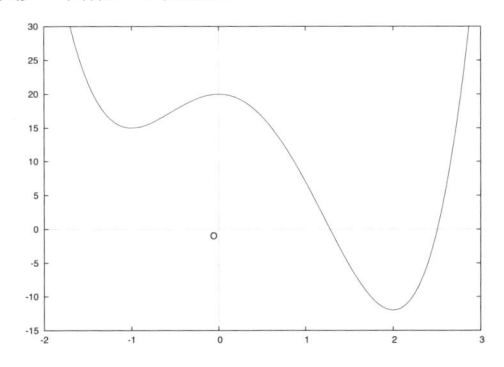

図 **4.2** $y = 3x^4 - 4x^3 - 12x^2 + 20$ のグラフ

$x = -1$ の近くに制限すると関数は $x = -1$ で最小値をとる．このことを $x = -1$ で**極小値**をとるという．$x = 0$ の近くに制限すると関数は $x = 0$ で最大値をとる．このことを $x = 0$ で**極大値**をとるという． ∎

問題 4.1. 次の関数の増加減少を調べよ．
(1) $f(x) = x^3 - 3x^2 + 2$ 　　(2) $f(x) = \dfrac{\log x}{x}$ 　　$(x > 0)$
(3) $f(x) = e^x - x$

関数 $f(x)$ が，ある開区間のすべての点で微分可能で，導関数 $f'(x)$ が連続であるとき，その区間で C^1 **級**であるという．

平均値の定理の b を x で書き換え変形すると次がいえる．
ある開区間で C^1 級の関数 $f(x)$ について，その区間に属する 2 点 a, x に対して，

$$f(x) = f(a) + f'(\xi)(x-a)$$

をみたす ξ が a と x の間に存在する．さらにこの等式は次のように書きなおせる．

$$f(x) = f(a) + f'(a)(x-a) + (f'(\xi) - f(a))(x-a)$$

この等式の右辺の最後の項を $R(x)$ で表すと，

$$f(x) = f(a) + f'(a)(x-a) + R(x)$$

となる．x が限りなく a に近づくとき，ξ は a と x との間の点であるから，ξ

も a に近づくので，

$$\lim_{x \to a} |\frac{R(x)}{x-a}| = \lim_{\xi \to a} |f'(\xi) - f'(a)| = 0$$

がなりたつ．これは，$|x-a|$ が 0 に近いとき，$|R(x)|$ が $|x-a|$ よりもずっと小さいことを意味するので，$R(x)$ は $|x-a|$ より**高位の無限小**であるといい，記号

$$R(x) = o(|x-a|)$$

で表す．(o はスモールオーと読む．) したがって，次の定理がなりたつ．

定理 4.3. 関数 $f(x)$ が $x=a$ の近くで C^1 級であれば，

$$f(x) = f(a) + f'(a)(x-a) + o(|x-a|)$$

がなりたつ．

定理 4.3 の等式の $o(|x-a|)$ を誤差項と考えると，関数 $f(x)$ の $x=a$ の近くでの**1 次近似式**

$$f(x) \doteqdot f(a) + f'(a)(x-a)$$

が得られる．

例題 4.3. 関数 $f(x) = \sqrt{1+x}$ について，$x=0$ の近くでの 1 次近似式を求めよ．

【解答】 $f'(x) = \frac{1}{2\sqrt{1+x}}$ だから，$f(0) = 1$, $f'(0) = \frac{1}{2}$ となる．したがって，定理 4.3 より，$x=0$ の近くでの 1 次近似式 $\sqrt{1+x} \doteqdot 1 + \frac{1}{2}x$ が得られる．∎

例題 4.4. 関数 $f(x) = \sin x$ について，$x=0$ の近くでの 1 次近似式を求めよ．

【解答】 $f'(x) = \cos x$ だから，$f(0) = \sin 0 = 0$, $f'(0) = \cos 0 = 1$ となる．したがって，定理 4.3 より，$x=0$ の近くでの 1 次近似式 $\sin x \doteqdot x$ が得られる．∎

問題 4.2. 次の関数の $x=0$ の近くでの 1 次近似式を求めよ．
(1) $\dfrac{1}{1+x}$ (2) e^x

4.3. 関数の 2 次近似式と関数の極大値・極小値

定理 4.3 の等式の右辺の 2 つの項からできる 1 次関数 $y = f(a) + f'(a)(x-a)$ は，関数 $y = f(x)$ のグラフ上の点 $(a, f(a))$ における接線の方程式である．

関数の極大値，あるいは，極小値を**極値**という．

定理 4.4. 関数 $f(x)$ が $x = a$ で極値をとり，しかも，$x = a$ で微分可能ならば，$f'(a) = 0$ がなりたつ．

証明．$x = a$ で極大値をとる場合，a に近い x について，$f(x) - f(a) \leqq 0$ がなりたつ．
$x < a$，かつ，x が a に近いとき，$\frac{f(x)-f(a)}{x-a} \geqq 0$ だから，$\lim_{x \to a-} \frac{f(x) - f(x)}{x - a} \geqq 0$ であり，
$x > a$，かつ，x が a に近いとき，$\frac{f(x)-f(a)}{x-a} \leqq 0$ だから，$\lim_{x \to a+} \frac{f(x) - f(x)}{x - a} \leqq 0$ である．したがって，$f'(a) = \lim_{x \to a} \frac{f(x) - f(x)}{x - a} = 0$ がなりたつ．

極小値の場合も同様に示すことができる． (証明終)

したがって，C^1 級の関数 $f(x)$ が極値をとる点は $f'(x) = 0$ をみたす点 x に絞られる．

4.3 関数の 2 次近似式と関数の極大値・極小値

関数 $f(x)$ がある開区間で 2 次の導関数 $f''(x)$ が存在して連続であるとき，その区間で C^2 級であるという．平均値の定理より次がいえる．

定理 4.5. ある開区間で C^2 級の関数 $f(x)$ について，その区間に属する 2 点 a, x に対して，

$$f(x) = f(a) + f'(a)(x-a) + \frac{1}{2}f''(\xi)(x-a)^2$$

をみたす点 ξ が a と x の間に存在する．

この定理の証明は電子ファイルにおいて示す．
定理 4.5 の等式は次のように書き直せる．

$$f(x) = f(a) + f'(a)(x-a) + \frac{1}{2}f''(a)(x-a)^2 + \frac{f''(\xi) - f''(a)}{2}(x-a)^2$$

この等式の右辺の最後の項を $R(x)$ で表すと，

$$f(x) = f(a) + f'(a)(x-a) + \frac{f''(a)}{2}(x-a)^2 + R(x)$$

と表せる．x が限りなく a に近づくとき，a と x との間の点である ξ は a に近づくので，

$$\lim_{x \to a} \left|\frac{R(x)}{(x-a)^2}\right| = \lim_{\xi \to a} \frac{|f''(\xi) - f''(a)|}{2} = 0$$

がなりたつ．これは，$|x-a|$ が 0 に近いとき，$|R(x)|$ は $(x-a)^2$ よりもずっと小さいことを意味するので，$R(x)$ は $(x-a)^2$ より**高位の無限小**であるといい，記号

$$R(x) = o((x-a)^2)$$

で表す．したがって，次の定理を得る．

定理 4.6. 関数 $f(x)$ が $x = a$ の近くで C^2 級であるとき，

$$f(x) = f(a) + f'(a)(x-a) + \frac{f''(a)}{2}(x-a)^2 + o((x-a)^2)$$

がなりたつ．

定理 4.6 の等式の $o(|x-a|^2)$ を誤差項と考えれば，関数 $f(x)$ の $x = a$ の近くでの **2 次近似式**

$$f(x) \fallingdotseq f(a) + f'(a)(x-a) + \frac{f''(a)}{2}(x-a)^2$$

が得られる．

例題 4.5. 関数 $f(x) = \frac{1}{1+x} = (1+x)^{-1}$ について，$x = 0$ の近くでの 2 次の近似式を求めよ．

【解答】 $f'(x) = -(1+x)^{-2}$, $f''(x) = 2(1+x)^{-3}$ だから，$f(0) = 1$, $f'(0) = -1$, $f''(0) = 2$ となる．したがって，定理 4.6 より，$x = 0$ の近くでの 2 次近似式 $\frac{1}{1+x} \fallingdotseq 1 - x + x^2$ が得られる． ∎

例題 4.6. 関数 $f(x) = \cos x$ について，$x = 0$ の近くでの 2 次近似式を求めよ．

4.3. 関数の2次近似式と関数の極大値・極小値

【解答】 $f'(x) = -\sin x$, $f''(x) = -\cos x$ だから, $f(0) = \cos 0 = 1$, $f'(0) = -\sin 0 = 0$, $f''(0) = -\cos 0 = -1$ となる. したがって, 定理4.6 より, $x = 0$ の近くでの2次の近似式 $\cos x ≒ 1 - \frac{x^2}{2}$ が得られる. ∎

問題 4.3. 次の関数の $x = 0$ の近くでの2次近似式を求めよ.
(1) e^x (2) $\sqrt{1+x}$ (3) $\log(1+x)$

定理 4.6 の等式の右辺の3つの項からできる2次関数

$$y = f(a) + f'(a)(x-a) + \frac{f''(a)}{2}(x-a)^2$$

は, 関数 $y = f(x)$ のグラフ上の点 $(a, f(a))$ で曲線に接する2次関数である. したがって, $f''(a)$ は点 $(a, f(a))$ における曲線の曲がり方を表す. つまり, $f''(a) > 0$ ならば, 曲線は点 $(a, f(a))$ において下に凸であり, $f''(a) < 0$ ならば, 上に凸である.

特に, $f'(a) = 0$, かつ, $f''(a) > 0$ ならば, $\frac{f''(a)}{2}(x-a)^2 \geqq 0$ だから,

x が a に近いとき, $f(x) \geqq f(a)$ をみたす.

つまり, 関数 $f(x)$ は $x = a$ で**極小値**をとる. また, $f'(a) = 0$, かつ, $f''(a) < 0$ ならば, $\frac{f''(a)}{2}(x-a)^2 \leqq 0$ だから,

x が a に近いとき, $f(x) \leqq f(a)$ をみたす.

つまり, 関数 $f(x)$ は $x = a$ で**極大値**をとる.

例題 4.2 の関数 $f(x) = 3x^4 - 4x^3 - 12x^2 + 20$ について, $f'(x) = 12x^3 - 12x^2 - 24x$, $f''(x) = 36x^2 - 24x - 24$ である. この関数は $x = -1$ で極小値をとったが, 確かに, $f''(-1) = 36 > 0$ である. また, $x = 0$ で極大値をとったが, 確かに, $f''(0) = -24 < 0$ である. さらにまた, $x = 2$ で極小値をとったが, 確かに, $f''(2) = 72 > 0$ となっている. なお, $x = \frac{1+\sqrt{7}}{3}$ と $x = \frac{1-\sqrt{7}}{3}$ は2次導関数 $f''(x)$ の符号が変わる点であるのでグラフの曲り方が変わる点である. このような点を関数の**変曲点**という.

4.4 テーラーの定理

関数 $f(x)$ がある開区間で n 次の導関数 $f^{(n)}(x)$ が存在して連続であるとき，その区間で C^n 級であるという．平均値の定理（定理 4.1）より次がいえる．

定理 4.7 (テーラーの定理). ある開区間で C^n 級の関数 $f(x)$ について，その区間に属する 2 点 a, x に対して，

$$f(x) = f(a) + \frac{1}{1!}f'(a)(x-a) + \frac{1}{2!}f''(a)(x-a)^2 + \frac{1}{3!}f^{(3)}(a)(x-a)^3$$
$$+ \cdots + \frac{1}{(n-1)!}f^{(n-1)}(a)(x-a)^{n-1} + \frac{1}{n!}f^{(n)}(\xi)(x-a)^n$$

をみたす ξ が a と x の間に存在する．

この定理の証明は電子ファイルにおいて示す．

例題 4.7. 関数 $f(x) = e^x$ について，$a = 0$ のときの定理 4.7 を適用せよ．

【解答】 $f'(x) = f''(x) = f^{(3)}(x) = \cdots = f^{(n-1)}(x) = f^{(n)}(x) = e^x$ だから，

$$f(0) = f'(0) = f''(0) = f^{(3)}(0) = \cdots = f^{(n-1)}(0) = e^0 = 1, \quad f^{(n)}(\xi) = e^\xi$$

定理 4.7 で $a = 0$ の場合

$$f(x) = f(0) + \frac{1}{1!}f'(0)x + \frac{1}{2!}f''(0)x^2 + \frac{1}{3!}f^{(3)}(0)x^3$$
$$+ \cdots + \frac{1}{(n-1)!}f^{(n-1)}(0)x^{n-1} + \frac{1}{n!}f^{(n)}(\xi)x^n$$

に適用すれば，

$$e^x = 1 + \frac{x}{1!} + \frac{x^2}{2!} + \frac{x^3}{3!} + \cdots + \frac{x^{n-1}}{(n-1)!} + \frac{e^\xi x^n}{n!}$$

$x = 1$ とおけば，次をを得る．

$$e = 1 + 1 + \frac{1}{2} + \frac{1}{6} + \frac{1}{24} + \frac{1}{120} + \cdots + \frac{1}{(n-1)!} + \frac{e^\xi}{n!}$$

$$= 1 + 1 + 0.5 + 0.166666\cdots + 0.041666\cdots + 0.008333\cdots + \cdots$$
$$+ \frac{1}{(n-1)!} + \frac{e^\xi}{n!}$$

$$= 2.716665\cdots + \frac{1}{(n-1)!} + \frac{e^\xi}{n!}$$

誤差 $0 < \frac{e^\xi}{n!} < \frac{e^1}{n!} < \frac{3}{n!}$ は n を大きくすればいくらでも小さくできる． ■

問題 4.4. 関数 $f(x) = \frac{1}{1+x}$ に定理 4.7 で $a = 0$ の場合を適用せよ．

4.5 不定形の極限値

商の形をした関数 $\frac{f(x)}{g(x)}$ の極限値を考えるとき，分母の関数と分子の関数のそれぞれの極限値がともに 0，あるいは，∞ になるときは，$\frac{0}{0}$，あるいは，$\frac{\infty}{\infty}$ となって，そのままでは極限値が決まらない．このようなものを**不定形の極限値**と呼ぶ．不定形の極限値を，分子の関数と分母の関数のそれぞれの導関数をとることによって，計算する方法がある．

定理 4.8 (ロピタルの定理). $f(a) = g(a) = 0$ をみたす $x = a$ の近くで微分可能な関数 $f(x), g(x)$ について，

$$\lim_{x \to a} \frac{f'(x)}{g'(x)} = A \quad \text{ならば，} \quad \lim_{x \to a} \frac{f(x)}{g(x)} = A$$

がなりたつ．

この定理の証明は電子ファイルにおいて示す．

例題 4.8. $\lim_{x \to 0} \frac{\log(1+x)}{x}$ を求めよ．

【解答】 定理 4.8 を用いると，

$$\lim_{x \to 0} \frac{\log(1+x)}{x} = \lim_{x \to 0} \frac{\frac{1}{1+x}}{1} = 1$$

■

関数 $f(x)$ は，x が大きくなるとき $f(x)$ が限りなく大きくなるならば無限大に**発散**するという．無限大に発散する関数の不定形の極限についても次がなりたつ．

定理 4.9. $\lim_{x \to \infty} f(x) = \infty$，$\lim_{x \to \infty} g(x) = \infty$ をみたす 2 つの微分可能な関数 $f(x), g(x)$ について，

$$\lim_{x \to \infty} \frac{f'(x)}{g'(x)} = A \quad \text{ならば，} \quad \lim_{x \to \infty} \frac{f(x)}{g(x)} = A$$

がなりたつ．

この定理の証明は電子ファイルにおいて示す.

例題 4.9. $\lim_{x\to\infty} \dfrac{\log x}{x}$ を求めよ.

【解答】 定理 4.9 を用いると,

$$\lim_{x\to\infty} \frac{\log x}{x} = \lim_{x\to\infty} \frac{\frac{1}{x}}{1} = 0$$

■

問題 4.5. 次の極限値を求めよ.

(1) $\displaystyle\lim_{x\to 0} \frac{x}{e^x - 1}$ 　　(2) $\displaystyle\lim_{x\to 0} \frac{x - \sin x}{x^3}$ 　　(3) $\displaystyle\lim_{x\to\infty} \frac{x^2}{e^x}$

(4) $\displaystyle\lim_{x\to\infty} \frac{\log x}{\sqrt{x}}$

4.6 　4 章 章 末 問 題

問題 4.6. 関数 $f(x) = e^{-x}(x+1)^2$ の増加減少を調べよ.

問題 4.7. 関数 x^x の $x=1$ の近くでの 1 次近似式と 2 次近似式を求めよ.

問題 4.8. 関数 $f(x) = \begin{cases} -x\log x & (x > 0 \text{ のとき}) \\ 0 & (x = 0 \text{ のとき}) \end{cases}$

つまり, $0\log 0 = 0$ と考えたときの, 関数 $-x\log x$ について,
(1) 　区間 $[0,1]$ で連続であることを示せ.
(2) 　区間 $[0,1]$ での最大値と最小値を求めよ.

問題 4.9. 関数 $f(x) = -x\log x - (1-x)\log(1-x)$ について, 区間 $[0,1]$ における最大値を求めよ. ただし, $0\log 0 = 0$ とする.

問題 4.10. $\sin^{-1} x + \cos^{-1} x = \frac{\pi}{2}$ がなりたつことを示せ.

問題 4.11. 関数 $f(x) = \tan^{-1} x$ について,
(1) 　命題 $(1+x^2)f^{(n+2)}(x) + 2(n+1)xf^{(n+1)}(x) + n(n+1)f^{(n)}(x) = 0$ がすべての自然数 n についてなりたつことを帰納法で示せ.
(2) 　この関数の $x=0$ におけるテーラーの定理の係数を求めよ.

以下の問題については略解のみを電子ファイルに示す.

問題 4.12. 関数 $f(x) = 2x^3 + 3x^2 - 12x + 1$ の増加減少を調べ, 極値を求めよ.

問題 4.13. 関数 $f(x) = e^{-\frac{(x-1)^2}{2}}$ のグラフの概形を描け.

問題 4.14. 関数 $f(x) = e^x \cos x$ の $x=0$ の近くでの 2 次近似式を求めよ.

問題 4.15. 関数 $f(x) = \frac{1}{\sqrt{1+\sin x}}$ の $x=0$ の近くでの 2 次近似式を求めよ.

第5章
不 定 積 分

5.1 原始関数と不定積分

関数 $F(x)$ の導関数が関数 $f(x)$ に一致するとき,つまり,

$$F'(x) = f(x)$$

がなりたつとき,$F(x)$ は $f(x)$ の**原始関数**という.

例 5.1. (1) 関数 $\frac{1}{3}x^3$ は関数 x^2 の原始関数である.関数 $\frac{1}{3}x^3 + 1$ も関数 x^2 の原始関数である.
(2) 関数 $\log|x|$ は関数 $\frac{1}{x}$ の原始関数である.関数 $\log|x| + 2$ も関数 $\frac{1}{x}$ の原始関数である.

例 5.1 で見たように,1 つの関数 $f(x)$ の原始関数は 1 つでなくたくさんあり,次がなりたつ.

定理 5.1. 関数 $f(x)$ の原始関数の 1 つを $F(x)$ とするとき,関数 $f(x)$ の原始関数の全体の集合は

$$\{\, F(x) + c \mid c \text{ は実数} \,\}$$

である.

証明.c を定数とするとき,$(F(x)+c)' = F'(x) + (c)' = f(x) + 0 = f(x)$ だから,$F(x) + c$ は関数 $f(x)$ の原始関数である.

逆に $G(x)$ を関数 $f(x)$ の原始関数とし,$H(x) = G(x) - F(x)$ とおくと,$H'(x) = G'(x) - F'(x) = f(x) - f(x) = 0$ がなりたつ.

$H(x)$ は微分可能な関数だから,2 点 a, x に対して平均値の定理を適用すれば,

$$H(x) = H'(\xi)(x - a) + H(a)$$

をみたす ξ が a と x の間に存在する.$H'(\xi) = 0$ だから,

$$H(x) = 0 \times (x-a) + H(a) = H(a)$$

ゆえに，$H(a) = c$とおけば，$G(x) = H(x) + F(x) = H(a) + F(x) = F(x) + c$
と表せる．

以上の議論により，$F(x) + c$ は $f(x)$ の原始関数であり，逆に，$f(x)$ の原始関数は $F(x) + c$ と表せるから，定理の結論がいえる． (証明終)

関数 $f(x)$ の原始関数の全体の集合を記号

$$\int f(x) dx$$

で表し，$f(x)$ の**不定積分**という．

例題 5.1. 関数 x^3 の不定積分 $\int x^3 dx$ を求めよ．

【解答】
$$\int x^3 dx = \{ \frac{1}{4} x^4 + c \mid c \text{ は実数} \}$$

であるが，これを定数 c（**積分定数**という）を用いて $\int x^3 dx = \frac{1}{4} x^4 + c$ と表したり，さらに，積分定数 c を省略して，$\int x^3 dx = \frac{1}{4} x^4$ と表したりする．しかし，不定積分は定数だけの違いをもった関数の集合であることを忘れてはならない． ■

5.2 不定積分の公式

関数 $f(x)$ は導関数 $f'(x)$ の原始関数だから，

$$\int f'(x) dx = f(x)$$

がなりたつ．すなわち，関数を微分して得られる導関数を不定積分すればもとの関数が得られるということ，つまり，不定積分は微分の逆演算だから，導関数の公式のそれぞれから次の不定積分の公式が得られる．

定理 5.2. 次の不定積分の公式がなりたつ．

(1) $\quad \int x^a dx = \dfrac{1}{a+1} x^{a+1} \quad (a \neq -1 \text{ のとき})$

5.2. 不定積分の公式

(2) $\displaystyle\int \frac{1}{x}dx = \log|x|$

(3) $\displaystyle\int e^x dx = e^x$

(4) $\displaystyle\int \cos x\, dx = \sin x$

(5) $\displaystyle\int \sin x\, dx = -\cos x$

(6) $\displaystyle\int \frac{1}{\cos^2 x}dx = \tan x$

(7) $\displaystyle\int (cf(x) + dg(x))dx = c\int f(x)dx + d\int g(x)dx$

(8) (部分積分の公式)
$$\int f'(x)g(x)dx = f(x)g(x) - \int f(x)g'(x)dx$$

(9) (置換積分の公式) $t = h(x)$ とおくとき，$x = g(t)$ が得られるならば，
$$\int f(x)dx = \int f(g(t))g'(t)dt$$
ただし，右辺は t についての関数に $t = h(x)$ を代入して得られる x の関数とする．

(10) $\displaystyle\int \frac{f'(x)}{f(x)}dx = \log|f(x)|$

証明．(1)〜(6) は右辺の関数を微分すれば，左辺の積分記号の中の関数（被積分関数という）が得られるからである．

(7) $(cf(x) + dg(x))' = cf'(x) + dg'(x)$ の両辺の不定積分をとって得られる．

(8) 関数の積の導関数の公式 $(f(x)g(x))' = f'(x)g(x) + f(x)g'(x)$ を移項すると，
$$f'(x)g(x) = (f(x)g(x))' - f(x)g'(x)$$
が得られる．この両辺の不定積分を考えると，
$$\int f'(x)g(x)dx = \int (f(x)g(x))'dx - \int f(x)g'(x)dx$$

$$= f(x)g(x) - \int f(x)g'(x)dx$$

(9)　$F(x) = \displaystyle\int f(x)dx$ とおくと，合成関数の微分公式（定理 3.4）より，

$$(F(g(t))' = F'(g(t))g'(t) = f(g(t))g'(t)$$

したがって，

$$F(g(t)) = \int (F(g(t)))' dt = \int f(g(t))g'(t)dt$$

両辺に $t = h(x)$ を代入すると，

$$\int f(x)dx = F(x) = \int f(g(t))g'(t)dt$$

を得る．

(10)
$$\frac{d\log|f(x)|}{dx} = \frac{d\log|f(x)|}{df(x)} \times \frac{df(x)}{dx} = \frac{1}{f(x)} \times f'(x)$$

だから，$\displaystyle\int \frac{f'(x)}{f(x)}dx = \log|f(x)|.$ 　　　　　　　　　　（証明終）

5.3　不定積分の計算

不定積分の公式（定理 5.2(1)）

$$\int x^a dx = \frac{1}{a+1}x^{a+1} \quad (a \neq -1)$$

を用いる計算から始める．

例題 5.2． 次の不定積分を求めよ．

(1)　$\displaystyle\int (\frac{3}{x^2} + 4)dx$ 　　　　　　(2)　$\displaystyle\int (\sqrt{x} + \frac{1}{\sqrt{x}})dx$

【解答】　(1)　$\displaystyle\int (\frac{3}{x^2} + 4)dx = 3\int x^{-2}dx + 4\int x^0 dx$

$= 3 \times \frac{1}{-2+1}x^{-2+1} + 4 \times \frac{1}{0+1}x^{0+1} = -3x^{-1} + 4x^1 = -\frac{3}{x} + 4x$

(2)　$\displaystyle\int (\sqrt{x} + \frac{1}{\sqrt{x}})dx = \int x^{\frac{1}{2}}dx + \int x^{-\frac{1}{2}}dx = \frac{1}{\frac{1}{2}+1}x^{\frac{1}{2}+1} + \frac{1}{-\frac{1}{2}+1}x^{-\frac{1}{2}+1}$

5.3. 不定積分の計算

$$= \tfrac{2}{3}x^{\frac{3}{2}} + 2x^{\frac{1}{2}} = \tfrac{2}{3}x\sqrt{x} + 2\sqrt{x}$$ ∎

問題 5.1. 次の不定積分を求めよ．

(1) $\displaystyle\int x\sqrt{x}\,dx$ (2) $\displaystyle\int \frac{1}{x\sqrt{x}}\,dx$

不定積分して得られるであろう関数に目星をつけて，係数はそれを微分して調整する．

例題 5.3. 次の不定積分を求めよ．

(1) $\displaystyle\int (e^x + 2e^{2x} + 3e^{3x})\,dx$ (2) $\displaystyle\int (\tfrac{1}{x} + \tfrac{1}{x+1} + \tfrac{1}{x+2})\,dx$

(3) $\displaystyle\int (\cos 2x + \sin 3x)\,dx$ (4) $\displaystyle\int (xe^{x^2} + \sin x\, e^{\cos x})\,dx$

(5) $\displaystyle\int \frac{1}{e^x+1}\,dx$

【解答】 (1) $\displaystyle\int (e^x + 2e^{2x} + 3e^{3x})\,dx = \int e^x\,dx + 2\int e^{2x}\,dx + 3\int e^{3x}\,dx$
$$= e^x + e^{2x} + e^{3x}$$

(2) $\displaystyle\int (\frac{1}{x} + \frac{1}{x+1} + \frac{1}{x+2})\,dx = \log|x| + \log|x+1| + \log|x+2|$
$$= \log|x(x+1)(x+2)|$$

(3) $\displaystyle\int (\cos 2x + \sin 3x)\,dx = \frac{1}{2}\sin 2x - \frac{1}{3}\cos 3x$

(4) $\displaystyle\int (xe^{x^2} + \sin x\, e^{\cos x})\,dx = \frac{1}{2}e^{x^2} - e^{\cos x}$

(5) $\displaystyle\int \frac{1}{e^x+1}\,dx = \int \frac{e^x+1-e^x}{e^x+1}\,dx = \int \left(1 - \frac{(e^x+1)'}{e^x+1}\right)dx$
$$= x - \log(e^x+1) = \log e^x - \log(e^x+1) = \log \frac{e^x}{e^x+1}$$ ∎

問題 5.2. 次の不定積分を求めよ．

(1) $\displaystyle\int \frac{x}{x^2+1}\,dx$ (2) $\displaystyle\int x\sin x^2\,dx$ (3) $\displaystyle\int \frac{1}{x^2-1}\,dx$

部分積分の公式（定理 5.2(8)）

$$\int f'(x)g(x)dx = f(x)g(x) - \int f(x)g'(x)dx$$

を用いて不定積分を計算する．

例題 5.4. 次の不定積分を求めよ．

(1) $\displaystyle\int xe^x dx$ (2) $\displaystyle\int \log x\, dx$

【解答】 (1) $\displaystyle\int xe^x dx = \int (e^x)' x\, dx = e^x x - \int e^x (x)' dx$
$= xe^x - \int e^x dx = xe^x - e^x = e^x(x-1)$

(2) $\displaystyle\int \log x\, dx = \int (x)' \log x\, dx = x\log x - \int x(\log x)' dx$
$= x\log x - \int x \times \dfrac{1}{x} dx = x\log x - \int 1\, dx$
$= x\log x - x = x(\log x - 1)$ ■

問題 5.3. 次の不定積分を計算せよ．

(1) $\displaystyle\int x \sin x\, dx$ (2) $\displaystyle\int x^2 e^x dx$ (3) $\displaystyle\int x \log x\, dx$

置換積分の公式（定理 5.2(9)）

$$\int f(x)dx = \int f(g(t))g'(t)dt$$

を用いて不定積分を計算する．

例題 5.5. 次の不定積分を求めよ．

(1) $\displaystyle\int x\sqrt{1+x}\, dx$ (2) $\displaystyle\int \sqrt{1+\sin x}\cos x\, dx$

【解答】 (1) $t = \sqrt{1+x}$ とおくと，$t^2 = 1+x$．両辺を x で微分すると，$2t\dfrac{dt}{dx} = 1$，これより，$2t\, dt = dx$ を得る（$t^2 = 1+x$ から直接にこの微分等式を導いてもよい）．置換積分の公式を適用すると，

5.3. 不定積分の計算

$$\int x\sqrt{1+x}\,dx = \int (t^2-1)t \times 2t\,dt$$
$$= 2\int (t^4-t^2)\,dt = 2\left(\frac{t^5}{5} - \frac{t^3}{3}\right)$$
$$= \frac{2t^3}{15}(3t^2-5) = \frac{2(1+x)\sqrt{1+x}}{15}\{3(1+x)-5\}$$
$$= \frac{2(x+1)(3x-2)\sqrt{x+1}}{15}$$

(2) $t=\sqrt{1+\sin x}$ とおくと, $t^2 = 1+\sin x$. 両辺を x で微分すると, $2t\,dt = \cos x\,dx$. 置換積分の公式を適用すると,

$$\int \sqrt{1+\sin x}\cos x\,dx = \int t \times 2t\,dt = \frac{2t^3}{3} = \frac{2}{3}(1+\sin x)\sqrt{1+\sin x} \quad \blacksquare$$

問題 5.4. 次の不定積分を求めよ．

(1) $\displaystyle\int \frac{\sqrt{1+x}}{x}\,dx$ (2) $\displaystyle\int e^{\sqrt{1+\cos x}}\sin x\,dx$

うまく変数変換することによって不定積分を計算できることがある．

例題 5.6. 次の不定積分を求めよ．ただし, $A \neq 0$ とする．

(1) $\displaystyle\int \frac{1}{\sqrt{x^2+A}}\,dx$ (2) $\displaystyle\int \sqrt{x^2+A}\,dx$ (3) $\displaystyle\int \frac{1}{\sin x}\,dx$

【解答】 (1) $t = x + \sqrt{x^2+A}$ とおく. $\sqrt{x^2+A} = t-x$ より, $A = t^2 - 2tx$. 両辺を t で微分すると, $2t - 2x - 2t\frac{dx}{dt} = 0$ だから, $\frac{dx}{dt} = \frac{t-x}{t} = \frac{\sqrt{x^2+A}}{t}$.

$$\int \frac{1}{\sqrt{x^2+A}}\,dx = \int \frac{1}{t}\,dt = \log|t| = \log|x+\sqrt{x^2+A}|$$

(2) $I = \int \sqrt{x^2+A}\,dx$ とおく. 部分積分の公式（定理 5.2(8)）より,

$$I = \int (x)'\sqrt{x^2+A}\,dx = x\sqrt{x^2+A} - \int x(\sqrt{x^2+A})'\,dx$$
$$= x\sqrt{x^2+A} - \int x \times \frac{2x}{2\sqrt{x^2+A}}\,dx = x\sqrt{x^2+A} - \int \frac{x^2+A-A}{\sqrt{x^2+A}}\,dx$$
$$= x\sqrt{x^2+A} - I + A\int \frac{1}{\sqrt{x^2+A}}\,dx$$

ゆえに, (1) より, $\quad 2I = x\sqrt{x^2+A} + A\times\log|x+\sqrt{x^2+A}|$

$$\int \sqrt{x^2+A}\,dx = I = \frac{1}{2}(x\sqrt{x^2+A} + A\log|x+\sqrt{x^2+A}|)$$

(3) $t = \tan\frac{x}{2}$ とおくと，$dt = \dfrac{d\tan\frac{x}{2}}{d\frac{x}{2}} \times \dfrac{d\frac{x}{2}}{dx}dx = \dfrac{1}{\cos^2\frac{x}{2}} \times \frac{1}{2}dx$

$$\int \frac{1}{\sin x}dx = \int \frac{1}{2\sin\frac{x}{2}\cos\frac{x}{2}}dx = \int \frac{1}{2\tan\frac{x}{2}\cos^2\frac{x}{2}}dx = \int \frac{1}{t}dt$$
$$= \log|t| = \log|\tan\frac{x}{2}| \qquad \blacksquare$$

不定積分の計算はいつでもできるわけではない．たとえば，不定積分 $\int e^{x^2}dx$ の計算はできない．なお，逆三角関数が加わると，不定積分を計算ができる関数の範囲が大きく広がる．

5.4 逆三角関数に関わる不定積分

逆三角関数が関わる関数の不定積分を計算する．

例題 5.7. 次の不定積分を求めよ．ただし，$a > 0$ とする．

(1) $\displaystyle\int \frac{1}{a^2+x^2}dx$ \qquad (2) $\displaystyle\int \frac{x+1}{x^2+x+1}dx$

(3) $\displaystyle\int \frac{1}{\sqrt{a^2-x^2}}dx$ \qquad (4) $\displaystyle\int \sqrt{a^2-x^2}\,dx$

【解答】 (1) $x = a\tan t$ とおくと，$dx = \dfrac{a}{\cos^2 t}dt$

$$\int \frac{1}{a^2+x^2}dx = \int \frac{1}{a^2 + \frac{a^2\sin^2 t}{\cos^2 t}} \times \frac{a}{\cos^2 t}dt$$
$$= \int \frac{1}{a(\cos^2 t + \sin^2 t)}dt = \frac{1}{a}\int 1\,dt = \frac{1}{a}t = \frac{1}{a}\tan^{-1}\frac{x}{a}$$

これは，$(\tan^{-1}\frac{x}{a})' = \dfrac{a}{a^2+x^2}$ （例題 3.11(3)) の両辺の不定積分をとったものでもある．

5.4. 逆三角関数に関わる不定積分

(2) $\displaystyle\int \frac{x+1}{x^2+x+1}dx = \int \frac{\frac{1}{2}(2x+1)+\frac{1}{2}}{x^2+x+1}dx$

$\displaystyle = \frac{1}{2}\int \frac{2x+1}{x^2+x+1}dx + \frac{1}{2}\int \frac{1}{(x+\frac{1}{2})^2+(\frac{\sqrt{3}}{2})^2}dx$

$\displaystyle = \frac{1}{2}\log|x^2+x+1| + \frac{1}{2}\times\frac{1}{\frac{\sqrt{3}}{2}}\tan^{-1}\frac{x+\frac{1}{2}}{\frac{\sqrt{3}}{2}}$

$\displaystyle = \frac{1}{2}\log|x^2+x+1| + \frac{1}{\sqrt{3}}\tan^{-1}\frac{2x+1}{\sqrt{3}}$

最後の不定積分は (1) の結果 $\displaystyle\int \frac{1}{x^2+a^2}dx = \frac{1}{a}\tan^{-1}\frac{x}{a}$ を用いた.

(3) $x = a\sin t$ とおくと, $dx = a\cos t\, dt$

$\displaystyle\int \frac{1}{\sqrt{a^2-x^2}}dx = \int \frac{1}{\sqrt{a^2-a^2\sin^2 t}}\times a\cos t\, dt$

$\displaystyle = \int 1\, dt = t = \sin^{-1}\frac{x}{a}$

これは, $\displaystyle(\sin^{-1}\frac{x}{a})' = \frac{1}{\sqrt{a^2-x^2}}$ (例題 3.11(1)) の両辺の不定積分をとったものでもある.

(4) $x = a\sin t$ とおくと, $dx = a\cos t\, dt$

$\displaystyle\int \sqrt{a^2-x^2}\,dx = \int \sqrt{a^2-a^2\sin^2 t}\times a\cos t\, dt = a^2\int \cos^2 t\, dt$

$I = \displaystyle\int \cos^2 t\, dt$ とおくと,

$\displaystyle I = \int (\sin t)'\cos t\, dt = \sin t\cos t - \int \sin t(\cos t)'dt$

$\displaystyle = \sin t\cos t - \int \sin t(-\sin t)dt = \sin t\cos t + \int (1-\cos^2 t)dt$

$= \sin t\cos t + t - I$

$2I = \sin t\cos t + t$ だから,

$\displaystyle I = \frac{1}{2}\sin t\cos t + \frac{t}{2}$

I は次のように三角関数の公式を用いて計算することもできる．

$$I = \int \cos^2 t\, dt = \int \frac{\cos 2t + 1}{2} dt = \frac{1}{2}\left(\frac{\sin 2t}{2} + t\right) = \frac{1}{2}\sin t \cos t + \frac{t}{2}$$

$$\int \sqrt{a^2 - x^2}\, dx = a^2 I = \frac{a^2}{2}(\sin t \sqrt{1 - \cos^2 t} + t)$$
$$= \frac{a^2}{2}\left(\frac{x}{a}\sqrt{1 - \frac{x^2}{a^2}} + \sin^{-1}\frac{x}{a}\right)$$
$$= \frac{1}{2}\left(x\sqrt{a^2 - x^2} + a^2 \sin^{-1}\frac{x}{a}\right)$$

これは，$(x\sqrt{a^2 - x^2} + a^2 \sin^{-1}\frac{x}{a})' = 2\sqrt{a^2 - x^2}$ （例題 3.12(2)）の両辺の不定積分をとったものでもある． ∎

例題 5.8. 不定積分 $\displaystyle\int \frac{1}{(1 + x^2)^2} dx$ を求めよ．

【解答】 $\displaystyle I_n = \int \frac{1}{(x^2 + a^2)^n} dx \;\; (a \neq 0)$ とおく．

$$I_{n-1} = \int 1 \times \frac{1}{(x^2 + a^2)^{n-1}} dx$$
$$= x \times \frac{1}{(x^2 + a^2)^{n-1}} - \int x \times \frac{-(n-1)}{(x^2 + a^2)^n} \times 2x\, dx$$
$$= \frac{x}{(x^2 + a^2)^{n-1}} + 2(n-1)\int \frac{x^2 + a^2 - a^2}{(x^2 + a^2)^n} dx$$
$$= \frac{x}{(x^2 + a^2)^{n-1}} + 2(n-1)\int \frac{1}{(x^2 + a^2)^{n-1}} dx$$
$$\qquad - 2a^2(n-1)\int \frac{1}{(x^2 + a^2)^n} dx$$
$$= \frac{x}{(x^2 + a^2)^{n-1}} + (2n-2)I_{n-1} - 2(n-1)a^2 I_n$$

ゆえに，

$$I_n = \frac{1}{2(n-1)a^2}\left(\frac{x}{(x^2 + a^2)^{n-1}} + (2n-3)I_{n-1}\right)$$

$n = 2$ のとき，

5.4. 逆三角関数に関わる不定積分

$$\int \frac{1}{(a^2+x^2)^2}dx = I_2 = \frac{1}{2a^2}(\frac{x}{x^2+a^2} + I_1)$$
$$= \frac{1}{2a^2}(\frac{x}{x^2+a^2} + \int \frac{1}{x^2+a^2}dx) = \frac{1}{2a^2}(\frac{x}{x^2+a^2} + \frac{1}{a}\tan^{-1}\frac{x}{a})$$

$a=1$ のとき，
$$\int \frac{1}{(1+x^2)^2}dx = \frac{1}{2}(\frac{x}{1+x^2} + \tan^{-1}x)$$

I_n を I_{n-1}, I_{n-2} などで表した式を**漸化式**という． ∎

例題 5.9. 不定積分 $\int \sqrt{\dfrac{x-\alpha}{\beta-x}}dx$ を求めよ．

【解答】 $t = \sqrt{\dfrac{x-\alpha}{\beta-x}}$ とおくと，

$$t^2(\beta-x) = x-\alpha, \quad x(t^2+1) = \alpha + \beta t^2, \quad x = \frac{\alpha+\beta t^2}{1+t^2}$$

だから，

$$dx = \frac{(1+t^2)(\alpha+\beta t^2)' - (1+t^2)'(\alpha+\beta t^2)}{(1+t^2)^2}dt$$
$$= \frac{2\beta t(1+t^2) - 2t(\alpha+\beta t^2)}{(1+t^2)^2}dt = \frac{2(\beta-\alpha)t}{(1+t^2)^2}dt$$

例題 5.8 の結果を用いると，

$$\int \sqrt{\frac{x-\alpha}{\beta-x}}dx = \int t \times \frac{2(\beta-\alpha)t}{(1+t^2)^2}dt$$
$$= 2(\beta-\alpha)\int \frac{t^2+1-1}{(t^2+1)^2}dt = 2(\beta-\alpha)(\int \frac{1}{t^2+1}dt - \int \frac{1}{(t^2+1)^2}dt)$$
$$= 2(\beta-\alpha)(\tan^{-1}t - \frac{1}{2}(\frac{t}{t^2+1} + \tan^{-1}t)) = (\beta-\alpha)(\tan^{-1}t - \frac{t}{t^2+1})$$
$$= (\beta-\alpha)(\tan^{-1}\sqrt{\frac{x-\alpha}{\beta-x}} - \frac{\sqrt{\frac{x-\alpha}{\beta-x}}}{\frac{x-\alpha}{\beta-x}+1})$$
$$= (\beta-\alpha)(\tan^{-1}\sqrt{\frac{x-\alpha}{\beta-x}} - \frac{(\beta-x)\sqrt{\frac{x-\alpha}{\beta-x}}}{x-\alpha+\beta-x})$$

$$= (\beta - \alpha)\tan^{-1}\sqrt{\frac{x-\alpha}{\beta-x}} - \sqrt{(x-\alpha)(\beta-x)} \qquad \blacksquare$$

5.5 変数分離形の微分方程式

関数とその導関数の関係を与える等式を**微分方程式**という．微分方程式をみたす関数を求めることが問題となるので，その関数を**未知関数**という．

例題 5.10. 次の微分方程式を解け．
$$y' = xy$$

【解答】 この微分方程式は
$$\frac{dy}{dx} = xy$$
と書き表せる．$y \neq 0$ のとき，dx を右辺に，y を右辺に移すと，
$$\frac{1}{y}dy = xdx$$
を得る．左辺には y が付いたものばかり，右辺は x が付いたものばかりの等式が得られた．これを**変数分離**するという．

両辺に積分記号を付ける．
$$\int \frac{1}{y}dy = \int xdx$$
両辺の不定積分を計算すると，
$$\log|y| = \frac{x^2}{2} + c$$
c は積分定数である．左辺の不定積分にも積分定数があるが，それを右辺に移項して右辺の積分定数と合わせて c とおいた．
$$|y| = e^{\frac{x^2}{2}+c} = e^c e^{\frac{x^2}{2}}$$
$\pm e^c$ を C とおくと，
$$y = Ce^{\frac{x^2}{2}}$$
が得られる．$y \neq 0$ として解いたが，$y = 0$ もこの微分方程式の解であり，こ

5.6. 同次形の微分方程式

れは $C = 0$ の場合である．この関数について，$y' = Ce^{\frac{x^2}{2}} \times x = xy$ だから，確かに与えられた微分方程式の解になっている． ■

例題 5.10 のように，変数分離することができる形の微分方程式を **変数分離形の微分方程式** という．

不定積分を求めるとき積分定数があることを理解したうえで書かないことがあるが，微分方程式を解くときは積分定数のあらわれ方が重要であるので，積分定数を書かなければならない．

問題 5.5. 次の変数分離形の微分方程式を解け．
$$(1+x)y' = 1+y$$

5.6 同次形の微分方程式

そのままでは変数分離形の微分方程式でなくても，変数変換をすることによって変数分離形になるものがある．

例題 5.11. 次の微分方程式を解け．
$$y' = \frac{y}{x} + \frac{x}{y}$$

【解答】この微分方程式は変数分離形ではない．$u = \frac{y}{x}$ と変数変換すると u は x の関数である．

$y = xu$ の両辺を x で微分すると，$y' = u + xu'$ だから，
$$u + xu' = u + \frac{1}{u}$$
$$x\frac{du}{dx} = \frac{1}{u}$$

と，変数分離形になった．したがって，

$$u\,du = \frac{1}{x}dx, \qquad \int u\,du = \int \frac{1}{x}dx,$$
$$\frac{u^2}{2} = \log|x| + c, \qquad \frac{y^2}{x^2} = 2(\log|x| + c)$$

$y^2 = 2x^2(\log|x| + c)$ が解である． ■

関数 $f(u)$ で $y' = f(\frac{y}{x})$ という形をした微分方程式を**同次形の微分方程式**という．同次形の微分方程式は $u = \frac{y}{x}$ と変数変換することにより，変数分離形の微分方程式になる．

問題 5.6. 次の同次形の微分方程式を解け．
$$xy^2 y' = x^3 + y^3$$

5.7 1階線形微分方程式

2つの関数 $P(x), Q(x)$ で
$$y' + P(x)y = Q(x)$$
の形をした微分方程式を**1階線形微分方程式**という．1階線形微分方程式については
$$y = e^{-\int P(x)dx}(\int e^{\int P(x)dx} Q(x)dx + c) \qquad (c \text{ は定数})$$
という解の公式がある．これが解であることは，微分すると，
$$y' = (e^{-\int P(x)dx}) \times (-P(x))(\int e^{\int P(x)dx} Q(x)dx + c)$$
$$+ e^{-\int P(x)dx} \times e^{\int P(x)dx} Q(x) = -P(x)y + Q(x)$$
となるからである．

1階線形微分方程式の解の公式の導き方を示す．
(1) 最初に $Q(x) = 0$ の場合を考える．
$$\frac{dy}{dx} = -P(x)y$$
だから，変数分離形である．
$$\frac{1}{y}\frac{dy}{dx} = -P(x)$$
$$\int \frac{1}{y} dy = -\int P(x) dx$$

5.7. 1階線形微分方程式

$$\log|y| = -\int P(x)dx + c$$

$$|y| = e^{-\int P(x)dx + c} = e^c e^{-\int P(x)dx}$$

$\pm e^c$ を C と書き直すと，

$$y = Ce^{-\int P(x)dx}$$

が解である．

(2) 一般の場合，(1) で得られた解 $y = Ce^{-\int P(x)dx}$ の定数 C を関数と考えて微分すると，

$$y' = C'e^{-\int P(x)dx} + Ce^{-\int P(x)dx} \times (-P(x))$$

$y' + P(x)y = Q(x)$ に代入すると，

$$C'e^{-\int P(x)dx} + Ce^{-\int P(x)dx} \times (-P(x)) + P(x)Ce^{-\int P(x)dx} = Q(x)$$

$$C'e^{-\int P(x)dx} = Q(x), \qquad C' = e^{\int P(x)dx}Q(x)$$

ゆえに，

$$C = \int e^{\int P(x)dx}Q(x)dx + c$$

これより，解の公式

$$y = \left(\int e^{\int P(x)dx}Q(x)dx + c\right) \times e^{-\int P(x)dx}$$

を得る．この解法は $Q(x) = 0$ のときの解の定数 C を関数とみて解を求めるので，**定数変化法**と呼ばれる．

例題 5.12. 次の1階線形微分方程式の解の公式を用いて解け．

$$y' + 2xy = x$$

【解答】 $y = e^{-\int 2xdx}\left(\int e^{\int 2xdx} \times xdx + c\right) = e^{-x^2}\left(\int e^{x^2} xdx + c\right)$
$= e^{-x^2}\left(\frac{1}{2}e^{x^2} + c\right) = \frac{1}{2} + ce^{-x^2}$ ■

問題 5.7. 次の1階線形微分方程式を解け．

$$y' - \frac{1}{x}y = x^2$$

5.8　5章章末問題

問題 5.8. (1)　$\frac{1}{x^3+1} = \frac{a}{x+1} + \frac{bx+c}{x^2-x+1}$ をみたす 2 つの定数 a, b を定めよ．

(2)　不定積分 $\int \frac{1}{x^3+1} dx$ を求めよ．

問題 5.9. $I_n = \int \sin^n x \, dx$ についての漸化式を求め，$\int \sin^4 x \, dx$ を求めよ．

問題 5.10. 複素数 $\alpha = a + bi$　$(a, b$ は実数$)$ に対して，e の複素数乗を
$$e^\alpha = e^a e^{bi} = e^a(\cos b + i \sin b)$$
とするとき，実数乗の場合と同様の導関数の公式
$$(e^{\alpha x})' = \alpha e^{\alpha x}$$
がなりたつことを示せ．

問題 5.11. $\int e^{ax} \cos bx \, dx$，および，$\int e^{ax} \sin bx \, dx$ を求めよ．

問題 5.12. (1)　$y = f(x)$，および，$y = g(x)$ が，微分方程式 $y'' + ay' + by = 0$ の解であれば，2 つの定数 c, d について，$y = cf(x) + dg(x)$ もまたこの微分方程式の解であることを示せ．

(2)　複素数 α が $\alpha^2 + a\alpha + b = 0$ をみたすならば，$y = e^{\alpha x}$ は微分方程式 $y'' + ay' + by = 0$ の解であることを示せ．

(3)　$a^2 - 4b > 0$ のとき，$y = e^{(\frac{-a+\sqrt{a^2-4b}}{2})x}$ と $y = e^{(\frac{-a+\sqrt{a^2-4b}}{2})x}$ は微分方程式 $y'' + ay' + by = 0$ の解であることを示せ．

(4)　$a^2 - 4b < 0$ のとき，$y = e^{-\frac{a}{2}x} \cos \frac{\sqrt{4b-a^2}}{2} x$ と $y = e^{-\frac{a}{2}x} \sin \frac{\sqrt{4b-a^2}}{2} x$ は微分方程式 $y'' + ay' + by = 0$ の解であることを示せ．

(5)　$a^2 - 4b = 0$ のとき，$y = e^{-\frac{a}{2}x}$ と $y = xe^{-\frac{a}{2}x}$ は微分方程式 $y'' + ay' + by = 0$ の解であることを示せ．

問題 5.13. 次の微分方程式を解け．
$$(1+x^2)y' = 1 + y^2$$

問題 5.14. 次の微分方程式を解け．
$$xy' = y + \sqrt{x^2 + y^2}$$

問題 5.15. 次の微分方程式を $z = \frac{1}{y}$ と変数変換することにより解け．
$$xy' - y = y^2 \log x$$

以下の問題については略解のみを電子ファイルに示す．

5.8. 5章章末問題

問題 5.16. 次の不定積分を求めよ．

(1) $\displaystyle\int \frac{x^2}{\sqrt{x+1}}dx$ (2) $\displaystyle\int (\log x)^3 dx$ (3) $\displaystyle\int \frac{x}{x^2-3x+2}dx$

(4) $\displaystyle\int \frac{\sin^3 x}{1+\cos x}dx$

問題 5.17. 微分方程式 $y' = ky(1-y)$ を解け．ただし，$k > 0$ とする．

第6章
定 積 分

6.1 定積分の計算

記号
$$\int_1^3 x^3 dx$$
は，関数 x^3 の $x=1$ から $x=3$ までの**定積分**と読む．この定積分の値は，関数 x^3 の原始関数 $\frac{x^4}{4}$ の $x=3$ の値と $x=1$ の値の差で計算する．すなわち，
$$\int_1^3 x^3 dx = \frac{3^4}{4} - \frac{1^4}{4} = 20$$
である．

一般に，記号
$$\int_a^b f(x)dx$$
は，関数 $f(x)$ の $x=a$ から $x=b$ までの（あるいは区間 $[a,b]$ での）定積分と読む．$F(x)$ を $f(x)$ の原始関数とするとき，定積分 $\int_a^b f(x)dx$ の値は，
$$\int_a^b f(x)dx = F(b) - F(a)$$
によって計算する．上の等式の右辺を記号 $\bigl[F(x)\bigr]_a^b$ で表す．すなわち，
$$\int_a^b f(x)dx = \bigl[F(x)\bigr]_a^b = F(b) - F(a)$$

例題 6.1. 定積分 $\int_0^4 \sqrt{x}\,dx$ の値を求めよ．

【解答】 関数 $\sqrt{x}$ の原始関数は関数 $\frac{2}{3}x\sqrt{x}$ だから，
$$\int_0^4 \sqrt{x}\,dx = \Bigl[\frac{2}{3}x\sqrt{x}\Bigr]_0^4 = \frac{2}{3}\times 4\sqrt{4} - 0 = \frac{16}{3}$$
となる． ∎

6.1. 定積分の計算

問題 6.1. 次の定積分の値を求めよ．

(1) $\displaystyle\int_1^e \frac{1}{x}dx$ (2) $\displaystyle\int_0^1 xe^{x^2}dx$ (3) $\displaystyle\int_0^\pi \sin 2x\,dx$

定積分の値を求めるには原始関数あるいは不定積分を求めればよいのであるから，不定積分の公式に対応して定積分の公式がある．

定理 6.1 (定積分についての部分積分の公式). 閉区間 $[a,b]$ 上で定義された C^1 級の関数 $f(x), g(x)$ について，

$$\int_a^b f'(x)g(x)dx = \big[f(x)g(x)\big]_a^b - \int_a^b f(x)g'(x)dx$$

がなりたつ．

証明． 関数の積の導関数の公式

$$(f(x)g(x))' = f'(x)g(x) + f(x)g'(x)$$

を移項すると，$f'(x)g(x) = (f(x)g(x))' - f(x)g'(x)$ が得られる．この両辺の定積分をとると，

$$\int_a^b f'(x)g(x)dx = \int_a^b (f(x)g(x))'dx - \int_a^b f(x)g'(x)dx$$
$$= \big[f(x)g(x)\big]_a^b - \int_a^b f(x)g'(x)dx$$

を得る．   （証明終）

例題 6.2. 次の定積分の値を計算せよ．

(1) $\displaystyle\int_0^1 xe^x dx$ (2) $\displaystyle\int_1^e \log x\,dx$

【解答】 (1) $\displaystyle\int_0^1 xe^x dx = \int_0^1 (e^x)'x\,dx = \big[e^x x\big]_0^1 - \int_0^1 e^x(x)'dx$
$= e^1 - 0 - \int_0^1 e^x dx = e - \big[e^x\big]_0^1 = e - (e^1 - e^0) = 1$

(2) $\displaystyle\int_1^e \log x\,dx = \int_1^e (x)' \log x\,dx = \big[x \log x\big]_1^e - \int_1^e x \times \frac{1}{x}dx$

$$= e\log e - \log 1 - \int_1^e 1\, dx = e - [x]_1^e = e - (e-1) = 1 \qquad \blacksquare$$

問題 6.2. 次の定積分を計算せよ.

(1) $\displaystyle\int_1^e x^2 \log x\, dx$ \qquad (2) $\displaystyle\int_0^\pi x\sin x\, dx$

定理 6.2 (定積分についての置換積分の公式). C^1 級の関数 $x = g(t)$ が $g(\alpha) = a$, $g(\beta) = b$ をみたすならば,

$$\int_a^b f(x)dx = \int_\alpha^\beta f(g(t))g'(t)dt$$

がなりたつ.

証明. $F(x)$ を $f(x)$ の原始関数とすれば,

$$(F(g(t)))' = F'(g(t))g'(t) = f(g(t))g'(t)$$

だから, 両辺の定積分をとれば,

$$\int_\alpha^\beta f(g(t))g'(t)dt = \int_\alpha^\beta (F(g(t)))'dt = F(g(\beta)) - F(g(\alpha))$$
$$= F(b) - F(a) = \int_a^b f(x)dx$$

がなりたつ. (証明終)

例題 6.3. 次の定積分の値を求めよ.

(1) $\displaystyle\int_0^1 \frac{e^x}{\sqrt{1+e^x}}dx$ \qquad (2) $\displaystyle\int_0^1 \frac{1}{\sqrt{x+1}}dx$

【解答】 (1) $t = e^x$ とおくと, $dt = e^x dx$ であり, $x = 0$ のとき $t = 1$, $x = 1$ のとき $t = e$ だから,

$$\int_0^1 \frac{e^x}{\sqrt{1+e^x}}dx = \int_1^e \frac{1}{\sqrt{1+t}}dt = \int_1^e (1+t)^{-\frac{1}{2}}dt$$
$$= \Big[\frac{1}{-\frac{1}{2}+1}(1+t)^{\frac{1}{2}}\Big]_1^e = 2(\sqrt{1+e} - \sqrt{2})$$

(2) $t = \sqrt{x}$ とおくと, $t^2 = x$ だから, $2tdt = dx$ であり, $x = 0$ のとき $t = 0$,

6.1. 定積分の計算

$x = 1$ のとき $t = 1$ だから，

$$\int_0^1 \frac{1}{\sqrt{x}+1}dx = \int_0^1 \frac{1}{t+1} \times 2t\,dt = \int_0^1 \frac{2t+2-2}{t+1}dt = \int_0^1 (2 - \frac{2}{t+1})dt$$
$$= \left[2t - 2\log(t+1)\right]_0^1 = 2 - 2\log 2 \qquad \blacksquare$$

問題 6.3. 次の定積分の値を求めよ．

(1) $\displaystyle\int_0^1 x\sqrt{1+x^2}dx$ 　　　　(2) $\displaystyle\int_0^{\frac{\pi}{2}} \frac{\cos x}{1+\sin x}dx$

定積分の値の計算を行ってきたが，定積分の値は意味を持っている．たとえば，$\int_0^2 x^3 dx = \left[\frac{x^4}{4}\right]_0^2 = \frac{16}{4} = 4$ は，曲線 $y = x^3$ と x 軸と直線 $x = 2$ との 3 つで囲まれる図形の面積が 4 であることを意味する．また，$\int_{-1}^2 x^3 dx = \left[\frac{x^4}{4}\right]_{-1}^2 = \frac{16}{4} - \frac{1}{4} = \frac{15}{4}$ は，曲線 $y = x^3$ と x 軸と直線 $x = 3$ との 3 つで囲まれる図形の面積から，曲線 $y = x^3$ と x 軸と直線 $x = -1$ との 3 つで囲まれる図形の面積を引くと $\frac{15}{4}$ であることを意味する．

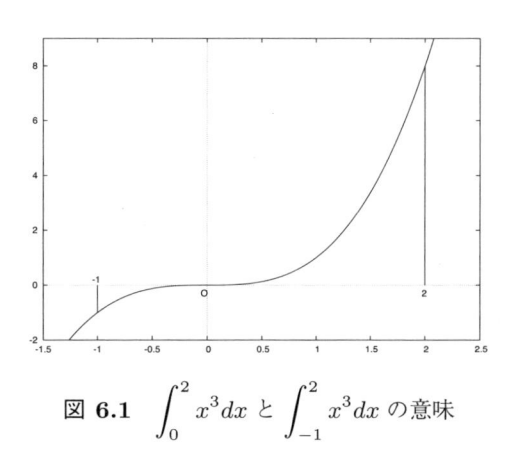

図 6.1 $\displaystyle\int_0^2 x^3 dx$ と $\displaystyle\int_{-1}^2 x^3 dx$ の意味

このように曲線で囲まれる図形の面積を意味する定積分を，微分の逆演算である原始関数の値の差で計算できるのは，なぜか．そのわけを知るためには定積分をきちんと定義し，その性質を調べる必要がある．なお，定積分の議論を行うことによって，連続関数には原始関数が存在することもわかる．

例題 6.4. 半径 a の円の面積を求めよ．

【解答】 原点 O を中心とする半径 a の円の方程式は $x^2 + y^2 = a^2$ だから，この円の上半分は $y = \sqrt{a^2 - x^2}$，下半分は $y = -\sqrt{a^2 - x^2}$ で表される．したがって，この円の面積は

$$S = 2 \times \int_{-a}^{a} \sqrt{a^2 - x^2}\, dx$$

となる．$x = a\sin t$ と変数変換すれば，$t = -\frac{\pi}{2}$ のとき，$x = -a$，$t = \frac{\pi}{2}$ のとき，$x = a$ であり，$dx = a\cos t\, dt$ だから，

$$S = 2 \int_{-\frac{\pi}{2}}^{\frac{\pi}{2}} \sqrt{a^2 - a^2 \sin^2 t} \times a\cos t\, dt$$
$$= 2a^2 \int_{-\frac{\pi}{2}}^{\frac{\pi}{2}} \cos^2 t\, dt = 2a^2 \int_{-\frac{\pi}{2}}^{\frac{\pi}{2}} \frac{\cos 2t + 1}{2}\, dt$$
$$= 2a^2 \left[\frac{\sin 2t}{2} + \frac{t}{2}\right]_{-\frac{\pi}{2}}^{\frac{\pi}{2}} = \pi a^2$$

■

6.2 定積分の定義

定積分を考えるのは連続関数の場合が多いが，それより広い有界な関数について定積分を定義する．定義においては関数の値の上限や下限の概念を用いるが，連続関数の場合はそれらはそれぞれ最大値と最小値であることを考えながら理解しても構わない．

閉区間 $[a, b]$ で定義された関数 $f(x)$ は有界であるとする，すなわち，$a \leqq x \leqq b$ をみたすすべての x について，$m \leqq f(x) \leqq M$ をみたす m と M が存在するものとする．

閉区間 $[a, b]$ 内に複数の点をとることを**分割**といい，記号

$$\Delta : a = x_0 < x_1 < x_2 < \cdots < x_{n-1} < x_n = b$$

で表す．分割の分点の個数および分点の取り方はいろいろである．分割 Δ の i 番目の小区間 $[x_{i-1}, x_i]$ における関数 $f(x)$ の値の下限を m_i で，上限を M_i で表すことにする．

6.2. 定積分の定義

$$m_i = \inf\{\, f(x) \mid x_{i-1} \leqq x \leqq x_i \,\}$$
$$M_i = \sup\{\, f(x) \mid x_{i-1} \leqq x \leqq x_i \,\}$$

次に，

$$s(\Delta) = m_1(x_1 - x_0) + m_2(x_2 - x_1) + m_3(x_3 - x_2) + \cdots + m_n(x_n - x_{n-1})$$
$$S(\Delta) = M_1(x_1 - x_0) + M_2(x_2 - x_1) + M_3(x_3 - x_2) + \cdots + M_n(x_n - x_{n-1})$$

とおく．つまり，$s(\Delta)$ は底辺の長さが $x_i - x_{i-1}$ で，高さが m_i の長方形の面積を n 個の i について加えた合わせたものであり，また，$S(\Delta)$ は底辺の長さが $x_i - x_{i-1}$ で，高さが M_i の長方形の面積を n 個の i について加え合わせたものである．和を表す記号シグマ $\sum$ を用いれば，

$$s(\Delta) = \sum_{i=1}^{n} m_i(x_i - x_{i-1})$$
$$S(\Delta) = \sum_{i=1}^{n} M_i(x_i - x_{i-1})$$

で表せる．

すべての分割 Δ についての $s(\Delta)$ の上限を s とし，すべての分割 Δ についての $S(\Delta)$ の下限を S とする．

$$s = \sup\{\, s(\Delta) \mid \Delta は [a,b] の分割 \,\}$$
$$S = \inf\{\, S(\Delta) \mid \Delta は [a,b] の分割 \,\}$$

定理 6.3. $s \leqq S$ がなりたつ．

この定理の証明は電子ファイルにおいて示す．S を関数 $f(x)$ の閉区間 $[a,b]$ における**過剰積分**といい，s を関数 $f(x)$ の閉区間 $[a,b]$ における**不足積分**という．特に，$s = S$ がなりたつとき，すなわち，過剰積分の値と不足積分の値が一致するとき，関数 $f(x)$ は閉区間 $[a,b]$ で**積分可能**であるという．このときの一致した値を閉区間 $[a,b]$ における関数 $f(x)$ の**定積分**といい，記号

$$\int_a^b f(x)dx$$

で表す（結果においては前節の定積分と同じものになるが，ここではあらためて定義している）．

定理 6.4. 閉区間 $[a,b]$ で連続な関数 $f(x)$ は $[a,b]$ で積分可能である．

この定理の証明は電子ファイルにおいて示す．

閉区間 $[a,b]$ の分割 $\Delta : a = x_0 < x_1 < x_2 < \cdots < x_{i-1} < x_i < \cdots < x_n = b$ の小区間の長さの最大値を記号 $|\Delta|$ で表すことにする．すなわち，

$$|\Delta| = \max\{|x_i - x_{i-1}| \mid i = 1, 2, 3, \cdots, n\}$$

とする．

定理 6.5. 関数 $f(x)$ が閉区間 $[a,b]$ で積分可能であるならば，分割 Δ の i 番目の小区間における関数 $f(x)$ の値の上限 M_i と下限 m_i に対して，実数 f_i を $m_i \leqq f_i \leqq M_i$ となるようにとるとき，$\sum_{i=1}^{n} f_i(x_i - x_{i-1})$ の $|\Delta|$ が 0 に近づくときの極限値は，定積分 $\int_a^b f(x)dx$ と一致する．すなわち，

$$\lim_{|\Delta| \to 0} \sum_{i=1}^{n} f_i(x_i - x_{i-1}) = \int_a^b f(x)dx$$

この定理の証明は電子ファイルにおいて示す．定積分が定まるときは，$x_{i-1} \leqq \xi_i \leqq x_i$ とするとき，$m_i \leqq f(\xi_i) \leqq M_i$ をみたすから，定理 6.5 より，

$$\lim_{|\Delta| \to 0} \sum_{i=1}^{n} f(\xi_i)(x_i - x_{i-1}) = \int_a^b f(x)dx$$

がなりたつわけであるが，左辺の $x_i - x_{i-1}$ の極限が右辺の微分 dx であり，左辺の和 $\sum_{i=1}^{n}$ の極限が右辺の積分記号 $\int_a^b$ になっていると考えればよい．積分記号 $\int$ は和を表すギリシャ文字 $\sum$ に対応するローマ字 S を上下に引き伸ばしたものである．

6.3 定積分の性質

定積分の性質を調べることによって，すでに説明した定積分の計算法が導かれる．

定理 6.6. 関数 $f(x), g(x)$ が閉区間 $[a,b]$ で積分可能であるとき，次がなりたつ．

(1) $k \leqq f(x) \leqq K$ であれば，
$$k(b-a) \leqq \int_a^b f(x)dx \leqq K(b-a)$$

(2) $f(x) + g(x)$ は積分可能であり，
$$\int_a^b (f(x)+g(x))dx = \int_a^b f(x)dx + \int_a^b g(x)dx$$

(3) 定数 c に対して，関数 $cf(x)$ は積分可能であり，
$$\int_a^b cf(x)dx = c\int_a^b f(x)dx$$

(4) $a < c < b$ とするとき，関数 $f(x)$ は閉区間 $[a,c]$，および，閉区間 $[c,b]$ で積分可能であり，
$$\int_a^b f(x)dx = \int_a^c f(x)dx + \int_c^b f(x)dx$$

この定理の証明は電子ファイルにおいて示す．

積分区間が逆向きならば，定積分の値は -1 倍であると約束する．すなわち，
$$\int_b^a f(x)dx = -\int_a^b f(x)dx$$

と約束すれば，定理 6.6 (4) の c が a と b の間にあるという条件をはずすことができる．なぜなら，$b < c$ の場合について，定理 6.6 (2) と約束より，
$$\int_a^c f(x)dx + \int_c^b f(x)dx = \int_a^b f(x)dx + \int_b^c f(x)dx - \int_b^c f(x)dx = \int_a^b f(x)dx$$

となり，

$$\int_a^b f(x)dx = \int_a^c f(x)dx + \int_c^b f(x)dx$$

がなりたつ．$c < a$ の場合も同様に示すことができる．

次は微分と積分の関係を表す微積分学の基本定理と呼ばれるもので，これによって定積分の計算法も与えられる．

定理 6.7 (微積分学の基本定理). 閉区間 $[a,b]$ で連続な関数 $f(x)$ について，$G(t) = \int_a^t f(x)dx \ (a < t < b)$ とおくと，

$$G'(t) = f(t)$$

がなりたつ．すなわち，$f(x)$ の原始関数の 1 つが $G(x)$ によって与えられる．

この定理の証明は電子ファイルにおいて示す．$F(x)$ を $f(x)$ の原始関数とすれば，$G(x)$ も原始関数だから，定理 5.1 より，$G(x) = F(x) + c$ をみたす実数 c が存在する．したがって，

$$\int_a^b f(x)dx = G(b) = G(b) - G(a) = (F(b) + c) - (F(a) + c)$$
$$= F(b) - F(a) = \bigl[F(x)\bigr]_a^b$$

となり，原始関数の値の差で求める定積分の計算公式が得られた．

6.4 曲線とその長さ

閉区間 $[\alpha, \beta]$ で定義された 2 つの連続な関数 $x = f(t), \ y = g(t)$ が与えられたとき，(x,y) 平面上の点 $(f(t), g(t))$ を考え，変数 t を動かすと**曲線**を描く．この曲線を記号 $C : x = f(t), y = g(t) \ (\alpha \leqq t \leqq \beta)$ で表す．

閉区間 $[\alpha, \beta]$ の分割 $\Delta : \alpha = t_0 < t_1 < t_2 < \cdots < t_n = \beta$ を考え，その i 番目の分点に対応する曲線上の点 $(f(t_i), g(t_i))$ を記号 P_i で表すことにする．点 P_i を順番につなぐと折れ線ができる．その折れ線の長さを $L(\Delta)$ とすると，

$$L(\Delta) = \sum_{i=1}^n |\mathrm{P}_{i-1}\mathrm{P}_i| = \sum_{i=1}^n \sqrt{(f(t_i) - f(t_{i-1}))^2 + (g(t_i) - g(t_{i-1}))^2}$$

となる．分割 Δ を細かくしたとき $L(\Delta)$ が収束するとき，すなわち，

6.4. 曲線とその長さ

$$\lim_{|\Delta|\to 0} L(\Delta) = L$$

がなりたつとき，曲線 $C : x = f(t), y = g(t)$ ($\alpha \leq t \leq \beta$) は**長さ確定**であるといい，L を**曲線 C の長さ**という．

定理 6.8. 閉区間 $[\alpha, \beta]$ で定義された2つの関数 $x = f(t), y = g(t)$ がともに C^1 級であるとき，曲線 $C : x = f(t), y = g(t)$ ($\alpha \leq t \leq \beta$) は長さ確定であり，長さ L は

$$L = \int_\alpha^\beta \sqrt{f'(t)^2 + g'(t)^2}\,dt = \int_\alpha^\beta \sqrt{(\frac{dx}{dt})^2 + (\frac{dy}{dt})^2}\,dt$$

で与えられる．

この定理の証明は電子ファイルにおいて示す．

例題 6.5. $a > 0$ とするとき，曲線 $C : x = a\cos t, y = a\sin t$ ($0 \leq t \leq 2\pi$) は原点 O が中心の半径 a の円である．その長さ L を求めよ．

【解答】

$$\begin{aligned}
L &= \int_0^{2\pi} \sqrt{(\frac{dx}{dt})^2 + (\frac{dy}{dt})^2}\,dt \\
&= \int_0^{2\pi} \sqrt{(-a\sin t)^2 + (a\cos t)^2}\,dt \\
&= \int_0^{2\pi} a\,dt = \big[at\big]_0^{2\pi} = a(2\pi - 0) = 2\pi a
\end{aligned}$$

∎

C^1 級の関数 $y = f(x)$ ($a \leq x \leq b$) のグラフは曲線 $C : x = t, y = f(t)$ ($a \leq t \leq b$) であるので，その長さ L は

$$L = \int_a^b \sqrt{1 + f'(x)^2}\,dx$$

となる．なぜなら，

$$L = \int_a^b \sqrt{(\frac{dx}{dt})^2 + (\frac{dy}{dt})^2}\,dt = \int_a^b \sqrt{1 + f'(t)^2}\,dt$$

だからである．

例題 6.6. $a>0$ とするとき，関数 $y=\sqrt{a^2-x^2}$ $(-a \leqq x \leqq a)$ のグラフは原点 O が中心の半径 a の円の上半分である．その長さ L を求めよ．

【解答】
$$(1+\frac{dy}{dx})^2 = 1+(\frac{-x}{\sqrt{a^2-x^2}})^2 = \frac{a^2}{a^2-x^2}$$
だから，
$$L = \int_{-a}^{a} \frac{a}{\sqrt{a^2-x^2}} dx$$
である．$x=a\sin t$ と変数変換すれば，$t=-\frac{\pi}{2}$ のとき $x=-a$，$t=\frac{\pi}{2}$ のとき $x=a$ であり，$dx=a\cos t\, dt$，$\sqrt{a^2-x^2}=a\cos t$ だから，
$$L = \int_{-\frac{\pi}{2}}^{\frac{\pi}{2}} \frac{a}{a\cos t} \times a\cos t\, dt = \int_{-\frac{\pi}{2}}^{\frac{\pi}{2}} a\, dt = [at]_{-\frac{\pi}{2}}^{\frac{\pi}{2}} = a(\frac{\pi}{2} - \frac{-\pi}{2}) = \pi a$$
∎

問題 6.4. 半径 a の輪上の 1 点に目印を付け，輪を x 軸上を転がすと目印は (x,y) 平面上の曲線を描く．目印を原点 O から出発させたときの回転角を t ラジアンとすると，1 回転させたときに描く曲線は
$$C: x=a(t-\sin t),\ y=a(1-\cos t) \quad (0\leqq t\leqq 2\pi)$$
となる．この曲線（**サイクロイド**という）の長さ L を求めよ．

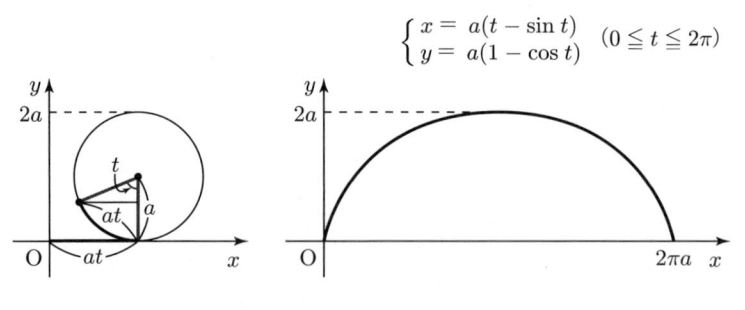

図 6.2 サイクロイド

6.5 6章章末問題

問題 6.5. 定積分 $\int_0^{\frac{\pi}{2}} \cos^n dx$ を求めよ．

6.5. 6章章末問題

問題 6.6. 楕円 $\frac{x^2}{a^2} + \frac{y^2}{b^2} = 1$ $(a, b > 0)$ の面積を求めよ.

問題 6.7. 極座標で表された曲線 $r = f(\theta)$ $(\alpha \leqq \theta \leqq \beta)$ の長さ L を求めよ.

問題 6.8. 極座標で表された C^1 級の曲線 $r = a^\theta$ の長さ L を求めよ (ただし, $a > 1$).

問題 6.9. 連続関数 $f(x)$ について,

$$\left(\int_{\log x}^{2\log x} xf(e^t)dt\right)' = 2f(x^2) - f(x) + \int_x^{x^2} \frac{f(u)}{u} du$$

がなりたつことを示せ.

問題 6.10. $\int_0^1 \frac{1}{\sqrt{x}} dx$ は被積分関数 $\frac{1}{\sqrt{x}}$ が積分区間 $[0, 1]$ で有界でないので, 定積分の定義から外れているが, ϵ を正数とするとき, この関数は区間 $[\epsilon, 1]$ で有界だから, 定積分 $\int_\epsilon^1 \frac{1}{\sqrt{x}} dx$ を考えることができる. そこで定積分の考えを拡張して, $\int_0^1 \frac{1}{\sqrt{x}} dx$ は極限値 $\lim_{\epsilon \to 0+} \int_\epsilon^1 \frac{1}{\sqrt{x}} dx$ のことであると考えることにする. このときの $\int_0^1 \frac{1}{\sqrt{x}} dx$ の値を求めよ.

問題 6.11. $\int_1^\infty \frac{1}{x^2} dx$ は積分区間 $[1, \infty)$ が有界区間でないので, 定積分の定義から外れているが, M を正数とするとき, 関数 $\frac{1}{x^2}$ は有界区間 $[1, M]$ で有界だから, 定積分 $\int_1^M \frac{1}{x^2} dx$ を考えることができる. そこで定積分の考えを拡張して, $\int_1^\infty \frac{1}{x^2} dx$ は極限値 $\lim_{M \to \infty} \int_1^M \frac{1}{x^2} dx$ のことであると考えることにする. このときの $\int_1^\infty \frac{1}{x^2} dx$ の値を求めよ.

以下の問題については略解のみを電子ファイルに示す.

問題 6.12. 次の定積分の値を求めよ.

(1) $\int_0^1 \frac{x^3}{1+x^2} dx$ 　　　　　(2) $\int_0^{\frac{\pi}{8}} \sin^2 x \cos^2 x \, dx$

問題 6.13. サイクロイド $C: x = a(t - \sin t), \ y = a(1 - \cos t)$ $(0 \leqq t \leqq 2\pi)$ と x 軸が囲む図形の面積

$$S = \int_0^{2\pi a} y \, dx = \int_0^{2\pi} a(1 - \cos t) \times a(1 - \cos t) dt$$

を求めよ. ただし, $a > 0$ とする.

問題 6.14. 極座標で表された曲線 $C: r = a(1 + \cos \theta)$ $(0 \leqq \theta \leqq 2\pi)$ の長さ

$$L = \int_0^{2\pi} \sqrt{(x')^2 + (y')^2} d\theta = \int_0^{2\pi} \sqrt{((r\cos\theta)')^2 + ((r\sin\theta)')^2} d\theta$$

$$= \int_0^{2\pi} \sqrt{r^2 + (r')^2} d\theta = \int_0^{2\pi} \sqrt{a^2(1+\cos\theta)^2 + a^2(-\sin\theta)^2} d\theta$$

を求めよ. ただし, $a > 0$ とする (この曲線を**カージオイド**という).

第7章
多変数関数の偏導関数

7.1 2変数関数の偏導関数

たとえば，等式 $z = x^2 y^3$ は，x の値と y の値を与えると z の値が定まる．このように，2つの数の組 (x, y) を与えると1つの数 z が決まること，すなわち，2つの数の組から数への対応関係を **2変数関数** という．この2変数関数は関数記号を用いて，$f(x, y) = x^2 y^3$ と表すこともある．

関数 $z = x^2 y^3$ について，y を定数と見て x の関数と考えたときの導関数を記号 $\frac{\partial z}{\partial x}$ で表すと，$\frac{\partial z}{\partial x} = 2xy^3$ となる．また x を定数と見て y の関数と考えたときの導関数を記号 $\frac{\partial z}{\partial y}$ で表すと，$\frac{\partial z}{\partial y} = 3x^2 y^2$ となる．$\frac{\partial z}{\partial x}$ を z の x についての **偏導関数** といい，$\frac{\partial z}{\partial y}$ を z の y についての偏導関数という．導関数のときは記号 d を用い，偏導関数のときは記号 ∂ (パーシャル，あるいは，デルと読む) を用いることによって区別する．

関数 $z = x^2 y^3$ を関数記号を用いて $f(x, y) = x^2 y^3$ で表すときは，2つの偏導関数 $\frac{\partial z}{\partial x}, \frac{\partial z}{\partial y}$ はそれぞれ $f_x(x, y), f_y(x, y)$ で表す．

$$f_x(x, y) = 2xy^3, \qquad f_y(x, y) = 3x^2 y^2$$

また，関数 $z = f(x, y)$ の x についての偏導関数を求めることを，関数を x で偏微分するという．記号 $\frac{\partial}{\partial x} z$，あるいは，記号 $\frac{\partial}{\partial x} f(x, y)$ は，関数に x で偏微分するという操作 $\frac{\partial}{\partial x}$ を行って偏導関数を得ることを意味する．

例題 7.1. 次の2変数関数の偏導関数を求めよ．

(1) $z = e^{xy}$ (2) $f(x, y) = \log(x^2 + y^2)$

【解答】 (1) 合成関数の導関数の微分公式（定理 3.4）を偏導関数に適用する．

$$\frac{\partial z}{\partial x} = \frac{\partial}{\partial x} e^{xy} = \frac{d}{d(xy)} e^{xy} \times \frac{\partial}{\partial x} xy = e^{xy} \times y = y e^{xy}$$

7.1. 2変数関数の偏導関数

まず,xy で微分し,xy を x で偏微分するからである.

$$\frac{\partial z}{\partial y} = \frac{\partial}{\partial y} e^{xy} = \frac{d}{d(xy)} e^{xy} \times \frac{\partial}{\partial y} xy = e^{xy} \times x = xe^{xy}$$

(2)

$$f_x(x,y) = \frac{d}{d(x^2+y^2)} \log(x^2+y^2) \times \frac{\partial}{\partial x}(x^2+y^2)$$
$$= \frac{1}{x^2+y^2} \times 2x = \frac{2x}{x^2+y^2}$$
$$f_y(x,y) = \frac{\partial}{\partial y} \log(x^2+y^2) = \frac{1}{x^2+y^2} \times 2y = \frac{2y}{x^2+y^2}$$

∎

問題 7.1. 次の 2 変数関数の偏導関数を求めよ.

(1) $z = x \log |y|$ (2) $f(x,y) = \sin xy$

関数 $z = f(x,y)$ の偏導関数 $f_x(x,y)$ と $f_y(x,y)$ の $(x,y) = (a,b)$ における値はそれぞれ

$$f_x(a,b) = \lim_{h \to 0} \frac{f(a+h,b) - f(a,b)}{h}$$
$$f_y(a,b) = \lim_{k \to 0} \frac{f(a,b+k) - f(a,b)}{k}$$

であるが,偏導関数が存在しない場合を含めて,これら $f_x(a,b)$ と $f_y(a,b)$ がともに定まるとき,関数 $z = f(x,y)$ は $(x,y) = (a,b)$ で**偏微分可能である**という.また,$f_x(a,b)$ と $f_y(a,b)$ をそれぞれ $(x,y) = (a,b)$ における x についての**偏微分係数**,y についての偏微分係数という.

空間に 3 つの数直線を原点 O で互いに直角に交わるようにおいたものを**座標空間**といい,座標空間の 3 つの数直線をそれぞれ ***x* 軸**,***y* 軸**,***z* 軸**と呼ぶ.座標空間の点 P から x 軸,y 軸,z 軸に直角に交わるように直線を引いたときのそれぞれの交点の座標を x, y, z をするとき,この 3 つを組にして並べた (x, y, z) を点 P の**座標**といい,P $= (x, y, z)$ で表す.

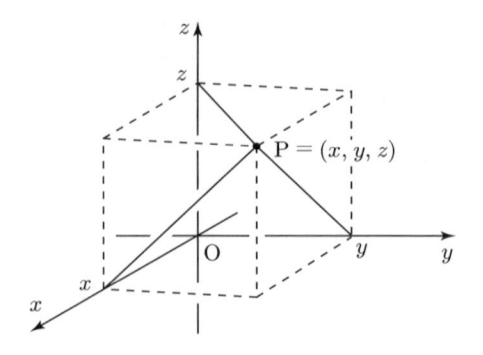

図 7.1 座標空間

　関数 $z = f(x, y)$ について，座標空間の点 $(x, y, f(x, y))$ を考え，変数 (x, y) を動かせば，座標空間の曲面を描く．この曲面を 2 変数関数 $z = f(x, y)$ のグラフという．$y = b$ を止めた $f(x, b)$ は，この曲面の平面 $y = b$ での切り口としてできる曲線を表すので，その $x = a$ での微分係数である偏微分係数 $f_x(a, b)$ は点 (a, b) における x 軸方向の関数の増加減少率を表す．同様に，偏微分係数 $f_y(a, b)$ は点 (a, b) での y 軸方向の関数の増加減少率を表す．

7.2　合成関数の偏導関数

　2 変数関数 $z = f(x, y)$ に 2 つの 1 変数関数 $x = h(t), y = k(t)$ を代入して得られる 1 変数関数 $z = f(h(t), k(t))$ を $z = f(x, y), x = h(t), y = k(t)$ の**合成関数**という．1 変数関数の場合は微分可能な関数と微分可能な関数の合成関数は微分可能であったが，2 変数関数の場合には，$z = f(x, y)$ が偏微分可能で，$x = h(t)$ と $y = k(t)$ が微分可能でも，合成関数 $z = f(h(t), k(t))$ は必ずしも微分可能にはならない（例 7.1）．ここに多変数関数特有の事情がある．後で示すが，$z = f(x, y)$ が C^1 級関数であり，$x = h(t)$ と $y = k(t)$ がともに微分可能な関数であれば，合成関数 $z = f(h(t), k(t))$ は微分可能であり，

$$\frac{dz}{dt} = \frac{\partial z}{\partial x}\frac{dx}{dt} + \frac{\partial z}{\partial y}\frac{dy}{dt}$$

がなりたつ．

例題 7.2. 2 変数関数 $z = x^2 y^3$ と 2 つの 1 変数関数 $x = t^4, y = \frac{1}{t^2}$ の合成関

7.2. 合成関数の偏導関数

数について
$$\frac{dz}{dt} = \frac{\partial z}{\partial x}\frac{dx}{dt} + \frac{\partial z}{\partial y}\frac{dy}{dt}$$
がなりたつことを確かめよ．

【解答】 合成関数は $z = (t^4)^2 \times (\frac{1}{t^2})^3 = t^8 \times t^{-6} = t^2$ だから，$\frac{dz}{dt} = 2t$.
一方，

$$\begin{aligned}\frac{\partial z}{\partial x}\frac{dx}{dt} + \frac{\partial z}{\partial y}\frac{dy}{dt} &= 2xy^3 \times 4t^3 + 3x^2y^2 \times (-2t^{-3}) \\ &= 8t^4(t^{-2})^3 t^3 - 6(t^4)^2(t^{-2})^2 t^{-3} = 8t - 6t = 2t\end{aligned}$$

となり，等式 $\frac{dz}{dt} = \frac{\partial z}{\partial x}\frac{dx}{dt} + \frac{\partial z}{\partial y}\frac{dy}{dt}$ がなりたっている． ∎

例 7.1. 2 変数関数 $f(x,y) = \sqrt{|xy|}$ は，$f(x,0) = 0$ だから，点 $(x,y) = (0,0)$ で x について偏微分可能であり，$f(0,y) = 0$ だから，点 $(x,y) = (0,0)$ で y について偏微分可能である．この 2 変数関数と 2 つの微分可能な 1 変数関数 $x = t, y = t$ の合成関数は $f(t,t) = |t|$ となるが，この関数は例 3.5 で見たように $t = 0$ で微分可能でない．

この例のように，偏微分可能な関数と微分可能な関数の合成関数が微分可能でないことがある．

以下の議論において数学記号として，ローマ字に加えてギリシャ文字 ϵ(イプシロン)，ξ(クシー)，η(イータ) を用いる．ローマ字だけを用いてもよいのであるが，それぞれの記号の役割を際立たせるためである．

1 変数関数 $\epsilon(x)$ が $\lim_{x \to a} \frac{\epsilon(x)}{x-a} = 0$ をみたすとき，$\epsilon(x)$ は $x-a$ よりも**高位の無限小**であるといい，記号 $\epsilon(x) = o(|x-a|)$ で表す．

定理 7.1. 1 変数関数 $f(x)$ が $x = a$ で微分可能であるための，必要十分条件は，

$$f(x) = f(a) + A(x-a) + o(|x-a|)$$

をみたす定数 A が存在することである．このとき，$A = f'(a)$ がなりたつ．

上の等式の意味は $\epsilon(x) = f(x) - f(a) - A(x-a)$ とおくとき，$\epsilon(x) = o(|x-a|)$ がなりたつことである．

証明. $\epsilon(x) = f(x) - f(a) - A(x-a) = o(|x-a|)$ がなりたつとすれば,

$$\lim_{x \to a} \frac{f(x) - f(a)}{x-a} = \lim_{x \to a} \frac{\epsilon(x) + A(x-a)}{x-a} = \lim_{x \to a} (\frac{\epsilon(x)}{x-a} + A) = 0 + A$$

だから, $f(x)$ は $x=a$ で微分可能であり, $f'(a) = A$ がなりたつ.

逆に, $f(x)$ が $x=a$ で微分可能であれば, $\epsilon(x) = f(x) - f(a) - f'(a)(x-a)$ とおくと,

$$\lim_{x \to a} \frac{\epsilon(x)}{x-a} = \lim_{x \to a} \frac{f(x) - f(a) - f'(a)(x-a)}{x-a} = \lim_{x \to a} (\frac{f(x) - f(a)}{x-a} - f'(a))$$
$$= f'(a) - f'(a) = 0$$

だから, $\epsilon(x) = o(|x-a|)$ がなりたつ. したがって,

$$f(x) = f(a) + f'(a)(x-a) + \epsilon(x) = f(a) + f'(a)(x-a) + o(|x-a|)$$

がなりたつ. (証明終)

2変数関数 $\epsilon(x,y)$ が, $\sqrt{(x-a)^2 + (y-b)^2}$ が 0 に限りなく近づくとき, $\frac{|\epsilon(x,y)|}{\sqrt{(x-a)^2+(y-b)^2}}$ が 0 に近づく, すなわち,

$$\lim_{\sqrt{(x-a)^2+(y-b)^2} \to 0} \frac{|\epsilon(x,y)|}{\sqrt{(x-a)^2+(y-b)^2}} = 0$$

がなりたつとき, 関数 $\epsilon(x,y)$ は $\sqrt{(x-a)^2 + (y-b)^2}$ よりも高位の無限小であるといい, 記号 $\epsilon(x,y) = o(\sqrt{(x-a)^2 + (y-b)^2})$ で表す.

例題 7.3. $x^2 + y^2 = o(\sqrt{x^2+y^2})$ がなりたつことを確かめよ.

【解答】 $\sqrt{x^2+y^2} \to 0$ のとき, $\frac{x^2+y^2}{\sqrt{x^2+y^2}} = \sqrt{x^2+y^2} \to 0$ だから, $x^2 + y^2 = o(\sqrt{x^2+y^2})$ がなりたつ. ■

例題 7.4. $\sqrt{|xy|} = o(\sqrt{x^2+y^2})$ はなりたたないことを確かめよ.

【解答】 $x = y$ のとき, $\frac{\sqrt{|xy|}}{\sqrt{x^2+y^2}} = \frac{|x|}{\sqrt{2}|x|} = \frac{1}{\sqrt{2}}$ は, $x \to 0$ のとき, 0 に近づかない. したがって, $\sqrt{x^2+y^2}$ が 0 に近づいても, $\frac{\sqrt{|xy|}}{\sqrt{x^2+y^2}}$ は 0 に近づかな

7.2. 合成関数の偏導関数

いから，$\sqrt{|xy|} = o(\sqrt{x^2+y^2})$ はなりたたない． ∎

関数 $f(x,y)$ は，$\displaystyle\lim_{\sqrt{(x-a)^2+(y-b)^2} \to 0} f(x,y) = f(a,b)$ がなりたつとき，点 (a,b) で**連続**であるという．関数 $f(x,y)$ は，

$$f(x,y) = f(a,b) + A(x-a) + B(y-b) + o(\sqrt{(x-a)^2+(y-b)^2})$$

をみたす 2 つの定数 A と B が存在するとき，点 (a,b) で**全微分可能**であるという．上の等式の意味は，$\epsilon(x,y) = f(x,y) - f(a,b) - A(x-a) - B(y-b)$ とおけば，

$$\lim_{\sqrt{(x-a)^2+(y-b)^2} \to 0} \frac{\epsilon(x,y)}{\sqrt{(x-a)^2+(y-b)^2}} = 0$$

がなりたつことである．

定理 7.2. 関数 $f(x,y)$ が点 (a,b) で全微分可能であるならば，点 (a,b) で偏微分可能であり，

$$f(x,y) = f(a,b) + f_x(a,b)(x-a) + f_y(a,b)(y-b) + o(\sqrt{(x-a)^2+(y-b)^2})$$

がなりたつ．

この定理の証明は電子ファイルにおいて示す．

例 7.2. 関数 $f(x,y) = \sqrt{|xy|}$ について，$f(x,0) = \sqrt{|x \times 0|} = 0$ だから，$f(x,y)$ は原点 $(0,0)$ で x について偏微分可能であり，$f_x(0,0) = 0$ がなりたつ．同様に，$f(0,y) = 0$ だから，$f(x,y)$ は原点 $(0,0)$ で y について偏微分可能であり，$f_y(0,0) = 0$ がなりたつ．関数 $f(x,y)$ が原点 $(0,0)$ で全微分可能であると仮定すると，定理 7.2 より，

$$\begin{aligned}f(x,y) &= f(0,0) + f_x(0,0)x + f_y(0,0)y + o(\sqrt{x^2+y^2}) \\ &= 0 + 0 \times x + 0 \times y + o(\sqrt{x^2+y^2}) = o(\sqrt{x^2+y^2})\end{aligned}$$

がなりたつことになるが，例題 7.4 よりこれはなりたたない．つまり，仮定が誤りだということであり，関数 $f(x,y)$ は原点 $(0,0)$ で全微分可能でないということである．

この例のように，偏微分可能であっても全微分可能でない関数が存在する．

一般に，2変数関数 $z = f(x, y)$ は，偏導関数 $\frac{\partial z}{\partial x}, \frac{\partial z}{\partial y}$ が定まり，これらの偏導関数がともに連続関数であるとき，C^1 級であるという．

定理 7.3. 関数 $f(x, y)$ が点 (a, b) の近くで C^1 級であれば，点 (a, b) で全微分可能である．

この定理の証明は電子ファイルにおいて示す．

定理 7.4. 1変数関数 $x = g(t)$ が $t = \alpha$ で微分可能で，$g(\alpha) = a$ をみたし，1変数関数 $y = h(t)$ が $t = \alpha$ で微分可能で，$h(\alpha) = b$ をみたすものとする．さらに，2変数関数 $z = f(x, y)$ が点 (a, b) で全微分可能であるとする．このとき，これらの合成関数である1変数関数 $f(g(t), h(t))$ は $t = \alpha$ で微分可能であり，微分係数は

$$f_x(a, b)g'(\alpha) + f_y(a, b)h'(\alpha)$$

となる．

この定理の証明は電子ファイルにおいて示す．定理 7.3 と定理 7.4 より，次がなりたつ．

定理 7.5 (合成関数の微分公式)**.** 2変数関数 $z = f(x, y)$ が C^1 級であり，2つの1変数関数 $x = g(t), y = h(t)$ が微分可能ならば，これらの合成関数である1変数関数 $z = f(g(t), h(t))$ は微分可能であり，

$$\frac{dz}{dt} = \frac{\partial z}{\partial x}\frac{dx}{dt} + \frac{\partial z}{\partial y}\frac{dy}{dt}$$

がなりたつ．

証明． 定理 7.3 より，C^1 級の関数は全微分可能だから，定理 7.4 より，$z = f(g(t), h(t))$ は微分可能となり，その導関数は $f_x(g(t), h(t))g'(t) + f_y(g(t), h(t))h'(t)$ となるので，これを書き表すと，$\frac{dz}{dt} = \frac{\partial z}{\partial x}\frac{dx}{dt} + \frac{\partial z}{\partial y}\frac{dy}{dt}$ となる． (証明終)

2変数関数と2変数関数の合成関数については，次がなりたつ．

定理 7.6 (合成関数の偏微分公式)**.** 2変数関数 $z = f(x, y)$ が C^1 級であり，2つの2変数関数 $x = g(u, v), y = h(u, v)$ が偏微分可能ならば，これらの合成関

7.2. 合成関数の偏導関数

数である 2 変数関数 $z = f(g(u,v), h(u,v))$ は偏微分可能であり,

$$\frac{\partial z}{\partial u} = \frac{\partial z}{\partial x}\frac{\partial x}{\partial u} + \frac{\partial z}{\partial y}\frac{\partial y}{\partial u}$$

$$\frac{\partial z}{\partial v} = \frac{\partial z}{\partial x}\frac{\partial x}{\partial v} + \frac{\partial z}{\partial y}\frac{\partial y}{\partial v}$$

がなりたつ.

証明. $z = f(g(u,v), h(u,v))$ を v を定数として u について微分したものが $\frac{\partial z}{\partial u}$ だから, 定理 7.5 より, $\frac{\partial z}{\partial u} = \frac{\partial z}{\partial x}\frac{\partial x}{\partial u} + \frac{\partial z}{\partial y}\frac{\partial y}{\partial u}$ を得る. また, $z = f(g(u,v), h(u,v))$ を u を定数として v について微分したものが $\frac{\partial z}{\partial v}$ だから, 定理 7.5 より, $\frac{\partial z}{\partial v} = \frac{\partial z}{\partial x}\frac{\partial x}{\partial v} + \frac{\partial z}{\partial y}\frac{\partial y}{\partial v}$ を得る. (証明終)

例題 7.5. C^1 級の 2 変数関数 $z = f(x,y)$ と r と θ を変数とする 2 つの 2 変数関数 $x = r\cos\theta, y = r\sin\theta$ の合成関数 $z = f(r\cos\theta, r\sin\theta)$ について

$$(\frac{\partial z}{\partial x})^2 + (\frac{\partial z}{\partial y})^2 = (\frac{\partial z}{\partial r})^2 + \frac{1}{r^2}(\frac{\partial z}{\partial \theta})^2$$

がなりたつことを確かめよ.

【解答】 定理 7.6 より,

$$\frac{\partial z}{\partial r} = \frac{\partial z}{\partial x}\frac{\partial x}{\partial r} + \frac{\partial z}{\partial y}\frac{\partial y}{\partial r} = \frac{\partial z}{\partial x} \times \cos\theta + \frac{\partial z}{\partial y} \times \sin\theta$$

$$\frac{\partial z}{\partial \theta} = \frac{\partial z}{\partial x}\frac{\partial x}{\partial \theta} + \frac{\partial z}{\partial y}\frac{\partial y}{\partial \theta} = \frac{\partial z}{\partial x} \times (-r\sin\theta) + \frac{\partial z}{\partial y} \times r\cos\theta.$$

したがって,

$(\frac{\partial z}{\partial r})^2 + (\frac{1}{r}\frac{\partial z}{\partial \theta})^2 = (\cos\theta \frac{\partial z}{\partial x} + \sin\theta \frac{\partial z}{\partial y})^2 + (-\sin\theta \frac{\partial z}{\partial x} + \cos\theta \frac{\partial z}{\partial y})^2$
$= (\cos^2\theta + \sin^2\theta)\{(\frac{\partial z}{\partial x})^2 + (\frac{\partial z}{\partial y})^2\} = (\frac{\partial z}{\partial x})^2 + (\frac{\partial z}{\partial y})^2$ ∎

問題 7.2. C^1 級の 2 変数関数 $z = f(x,y)$ と u と v を変数とする 2 つの 2 変数関数 $x = u+v, y = uv$ の合成関数 $z = f(u+v, uv)$ について,

$$(\frac{\partial z}{\partial u})(\frac{\partial z}{\partial v}) = (\frac{\partial z}{\partial x})^2 + x(\frac{\partial z}{\partial x})(\frac{\partial z}{\partial y}) + y(\frac{\partial z}{\partial y})^2$$

がなりたつことを示せ.

例題 7.6. 微分可能な 1 変数関数 $z = f(u)$ と 2 変数関数 $u = \frac{y}{x}$ の合成関数 $z = f(\frac{y}{x})$ について,

$$x\frac{\partial z}{\partial x} + y\frac{\partial z}{\partial y} = 0$$

がなりたつことを確かめよ.

【解答】 合成関数の偏微分公式（定理 7.6）を用いると,

$$\frac{\partial z}{\partial x} = f'(\frac{y}{x}) \times \frac{-y}{x^2}, \quad \frac{\partial z}{\partial y} = f'(\frac{y}{x}) \times \frac{1}{x}$$

したがって,

$$x\frac{\partial z}{\partial x} + y\frac{\partial z}{\partial y} = \frac{-y}{x}f'(\frac{y}{x}) + \frac{y}{x}f'(\frac{y}{x}) = 0$$

■

問題 7.3. 微分可能な 1 変数関数 $z = f(u)$ と 2 変数関数 $u = \log(x^2 + y^2)$ の合成関数 $z = f(\log(x^2 + y^2))$ について,

$$y\frac{\partial z}{\partial x} - x\frac{\partial z}{\partial y} = 0$$

がなりたつことを示せ.

7.3　2 次偏導関数

2 変数関数 $z = f(x, y)$ の x についての偏導関数 $\frac{\partial z}{\partial x}$ （または, $f_x(x, y)$）は 2 変数関数であり，その x についての偏導関数を $\frac{\partial^2 z}{\partial x^2}$ （または, $f_{xx}(x, y)$）で表し，y についての偏導関数を $\frac{\partial^2 z}{\partial y \partial x}$ （または, $f_{xy}(x, y)$）で表す．同様に，$z = f(x, y)$ の y についての偏導関数 $\frac{\partial z}{\partial y}$ （または, $f_y(x, y)$）の，x についての偏導関数を $\frac{\partial^2 z}{\partial x \partial y}$ （または, $f_{yx}(x, y)$）で，y についての偏導関数を $\frac{\partial^2 z}{\partial y^2}$ （または, $f_{yy}(x, y)$）で表す．つまり，

$$\frac{\partial^2 z}{\partial x^2} = \frac{\partial}{\partial x}(\frac{\partial z}{\partial x}), \qquad \frac{\partial^2 z}{\partial y \partial x} = \frac{\partial}{\partial y}(\frac{\partial z}{\partial x}),$$

$$\frac{\partial^2 z}{\partial y^2} = \frac{\partial}{\partial y}(\frac{\partial z}{\partial y}), \qquad \frac{\partial^2 z}{\partial x \partial y} = \frac{\partial}{\partial x}(\frac{\partial z}{\partial y})$$

である．これらを $\frac{\partial^2 z}{\partial x^2}, \frac{\partial^2 z}{\partial y \partial x}, \frac{\partial^2 z}{\partial x \partial y}, \frac{\partial^2 z}{\partial y^2}$ （または, $f_{xx}(x, y), f_{xy}(x, y), f_{yx}(x, y), f_{yy}(x, y)$）を $z = f(x, y)$ の **2 次偏導関数**という．2 変数関数 $z = f(x, y)$ は,

7.3. 2次偏導関数

その 4 つの 2 次の偏導関数が定まって，すべて連続であるとき，C^2 級であるという．

例題 7.7. 2 変数関数 $z = e^{xy^2}$ の 2 次偏導関数を求めよ．

【解答】 1 次の偏導関数は
$$\frac{\partial z}{\partial x} = e^{xy^2} \times y^2 = y^2 e^{xy^2}, \quad \frac{\partial z}{\partial y} = e^{xy^2} \times 2xy = 2xy e^{xy^2}$$
である．2 次偏導関数は
$$\frac{\partial^2 z}{\partial x^2} = y^2 e^{xy^2} \times y^2 = y^4 e^{xy^2}$$
$$\frac{\partial^2 z}{\partial y \partial x} = 2y e^{xy^2} + y^2 e^{xy^2} \times 2xy = 2y(1+xy^2) e^{xy^2},$$
$$\frac{\partial^2 z}{\partial x \partial y} = 2y e^{xy^2} + 2xy e^{xy^2} \times y^2 = 2y(1+xy^2) e^{xy^2},$$
$$\frac{\partial^2 z}{\partial y^2} = 2x e^{xy^2} + 2xy e^{xy^2} \times 2xy = 2x(1+2xy^2) e^{xy^2}$$
となる． ∎

問題 7.4. 次の 2 変数関数の 2 次偏導関数を求めよ．
(1) $z = \log(x+y)$ (2) $f(x,y) = \cos(x^2 + y^2)$

定理 7.7. 2 変数関数 $z = f(x,y)$ が点 (a,b) の近くで C^2 級であれば，
$$f_{yx}(a,b) = f_{xy}(a,b)$$
がなりたつ．

この定理の証明は電子ファイルにおいて示す．定理 7.7 より，C^2 級関数 $z = f(x,y)$ については，$\frac{\partial^2 z}{\partial y \partial x} = \frac{\partial^2 z}{\partial x \partial y}$ がなりたつ．すなわち，偏微分する順序によらない．

例題 7.8. C^2 級の 2 変数関数 $z = f(x,y)$ と 2 つの 2 変数関数 $x = u+v$, $y = uv$ の合成関数 $z = f(u+v, uv)$ について，
$$\frac{\partial^2 z}{\partial u \partial v} = \frac{\partial^2 z}{\partial x^2} + x \frac{\partial^2 z}{\partial x \partial y} + y \frac{\partial^2 z}{\partial y^2} + \frac{\partial z}{\partial y}$$
がなりたつことを確かめよ．

【解答】 $\frac{\partial z}{\partial v} = \frac{\partial z}{\partial x}\frac{\partial x}{\partial v} + \frac{\partial z}{\partial y}\frac{\partial y}{\partial v} = \frac{\partial z}{\partial x} \times 1 + \frac{\partial z}{\partial y} \times u$ だから,

$$\begin{aligned}
\frac{\partial^2 z}{\partial u \partial v} &= \frac{\partial}{\partial u}(\frac{\partial z}{\partial v}) \\
&= \frac{\partial}{\partial u}(\frac{\partial z}{\partial x}) + \frac{\partial}{\partial u}(\frac{\partial z}{\partial y}) \times u + \frac{\partial z}{\partial y} \times \frac{\partial}{\partial u} u \\
&= \frac{\partial}{\partial x}(\frac{\partial z}{\partial x}) \times \frac{\partial x}{\partial u} + \frac{\partial}{\partial y}(\frac{\partial z}{\partial x}) \times \frac{\partial y}{\partial u} \\
&\qquad + (\frac{\partial}{\partial x}(\frac{\partial z}{\partial y}) \times \frac{\partial x}{\partial u} + \frac{\partial}{\partial y}(\frac{\partial z}{\partial y}) \times \frac{\partial y}{\partial u}) \times u + \frac{\partial z}{\partial y} \times 1 \\
&= \frac{\partial^2 z}{\partial x^2} \times 1 + \frac{\partial^2 z}{\partial x \partial y} \times v + (\frac{\partial^2 z}{\partial x \partial y} \times 1 + \frac{\partial^2 z}{\partial y^2} \times v) \times u + \frac{\partial z}{\partial y} \\
&= \frac{\partial^2 z}{\partial x^2} + \frac{\partial^2 z}{\partial x \partial y}(v + u) + \frac{\partial^2 z}{\partial y^2} \times uv + \frac{\partial z}{\partial y} \\
&= \frac{\partial^2 z}{\partial x^2} + x\frac{\partial^2 z}{\partial x \partial y} + y\frac{\partial^2 z}{\partial y^2} + \frac{\partial z}{\partial y}
\end{aligned}$$

∎

問題 7.5. 2 つの C^2 級の関数 $f(x), g(x)$ から定まる関数 $z = xf(x+y) + yg(x+y)$ は $\frac{\partial^2 z}{\partial x^2} - 2\frac{\partial^2 z}{\partial x \partial y} + \frac{\partial^2 z}{\partial y^2} = 0$ をみたすことを示せ.

問題 7.6. 2 つの C^2 級の 1 変数関数 $f(u), g(v)$ と x, t を変数とする 2 つの 2 変数関数 $u = x + ct, v = x - ct$ (ただし, c は定数とする) を合成してできる 2 変数関数 $z = f(x+ct) + g(x-ct)$ について,

$$\frac{\partial^2 z}{\partial t^2} = c^2 \frac{\partial^2 z}{\partial x^2}$$

がなりたつことを示せ.

7.4　2 変数関数の 2 次近似式

2 変数関数の点 (a, b) の近くでの 2 次の近似について次がなりたつ.

定理 7.8. 点 (a, b) の近くで C^2 級の 2 変数関数 $f(x, y)$ について,
$$f(x, y) = f(a, b) + f_x(a, b)(x - a) + f_y(a, b)(y - b)$$
$$+ \frac{1}{2}f_{xx}(a, b)(x - a)^2 + f_{xy}(a, b)(x - a)(y - b) + \frac{1}{2}f_{yy}(a, b)(y - b)^2$$
$$+ o((x - a)^2 + (y - b)^2)$$

7.5. 2変数関数の極値

がなりたつ．ここで，記号 $o((x-a)^2+(y-b)^2)$ は

$$\lim_{\sqrt{(x-a)^2+(y-b)^2}\to 0}\frac{\epsilon(x,y)}{(x-a)^2+(y-b)^2}=0$$

をみたす 2 変数関数 $\epsilon(x,y)$ を意味する．

この定理の等式を 2 変数関数 $f(x,y)$ の $(x,y)=(a,b)$ の近くでの **2 次近似式**という．この定理の証明は電子ファイルにおいて示す．

例題 7.9. 関数 $f(x,y)=x+xy+y^2+x^2y$ の原点 $(0,0)$ の近くでの 2 次近似式を求めよ．

【解答】 $f_x(x,y)=1+y+2xy$, $f_y(x,y)=x+2y+x^2$, $f_{xx}(x,y)=2y$, $f_{xy}(x,y)=1+2x$, $f_{yy}(x,y)=2$ だから，

$$f(0,0)=0, \quad f_x(0,0)=1, \quad f_y(0,0)=0,$$
$$f_{xx}(0,0)=0, \quad f_{xy}(0,0)=1, \quad f_{yy}(0,0)=0$$

したがって，原点 $(0,0)$ における 2 次の近似公式

$$\begin{aligned}f(x,y)=&f(0,0)+f_x(0,0)x+f_y(0,0)y\\&+\tfrac{1}{2}f_{xx}(0,0)x^2+f_{xy}(0,0)xy+\tfrac{1}{2}f_{yy}(0,0)y^2+o(x^2+y^2)\end{aligned}$$

を適用すると，

$$\begin{aligned}x+xy+y^2+x^2y&=0+1\times x+0\times y+\tfrac{1}{2}\times 0\times x^2+1\times xy+\tfrac{1}{2}\times 2\times y^2+o(x^2+y^2)\\&=x+xy+y^2+o(x^2+y^2).\end{aligned}$$ ∎

問題 7.7. 関数 $f(x,y)=e^{xy}$ の原点 $(0,0)$ の近くでの 2 次近似式を求めよ．

7.5　2 変数関数の極値

2×2 行列 $A=\begin{pmatrix}a&b\\c&d\end{pmatrix}$ の行と列を入れ替えた 2×2 行列を記号 A^T で表し，A の**転置行列**という．

$$A^T=\begin{pmatrix}a&c\\b&d\end{pmatrix}$$

行列の積と行列の転置については，

$$(AB)^T = B^T A^T$$

の関係がなりたつ．

成分が実数である行列を**実行列**という．2×2 実行列 C が

$$C^T C = \begin{pmatrix} 1 & 0 \\ 0 & 1 \end{pmatrix}$$

をみたすとき，**直交行列**という．C が直交行列であるときは，C の転置行列 C^T は C の逆行列 C^{-1} と一致する．つまり，$C^T = C^{-1}$ がなりたっている．

2×2 行列 $A = \begin{pmatrix} a & b \\ c & d \end{pmatrix}$ の括弧を縦棒に取り替えたもの $\begin{vmatrix} a & b \\ c & d \end{vmatrix}$ を記号 $|A|$ で表し，A から定まる**2 次の行列式**という．また，$ad - bc$ をこの**行列式の値**といい，

$$|A| = \begin{vmatrix} a & b \\ c & d \end{vmatrix} = ad - bc$$

で表す．

ギリシャ文字 λ (ラムダ) を数学記号として用いる．
2×2 行列 $A = \begin{pmatrix} a & b \\ c & d \end{pmatrix}$ に対して，

$$\begin{vmatrix} a - \lambda & b \\ c & d - \lambda \end{vmatrix} = 0$$

を A の**特性方程式**という．特性方程式の左辺の行列式の値を計算すると，

$$(a - \lambda)(d - \lambda) - bc = 0$$

$$\lambda^2 - (a + d)\lambda + ad - bc = 0$$

となり，λ についての 2 次方程式である．特性方程式の解を行列 A の**固有値**ともいう．

例題 7.10. 次の 2×2 実行列の固有値を求めよ．

(1) $\begin{pmatrix} 2 & -1 \\ -1 & 3 \end{pmatrix}$ 　　　(2) $\begin{pmatrix} 1 & 1 \\ -1 & 1 \end{pmatrix}$

7.5. 2変数関数の極値

【解答】 (1) 2×2 実行列 $\begin{pmatrix} 2 & -1 \\ -1 & 3 \end{pmatrix}$ の特性方程式は $\begin{vmatrix} 2-\lambda & -1 \\ -1 & 3-\lambda \end{vmatrix} = 0$ である．

$$(2-\lambda)(3-\lambda) - 1 = 0$$

$$\lambda^2 - 5\lambda + 5 = 0$$

$$\lambda = \frac{5 \pm \sqrt{25-20}}{2} = \frac{5 \pm \sqrt{5}}{2}$$

となり，2つの解はいずれも実数である．

(2) 2×2 実行列 $\begin{pmatrix} 1 & 1 \\ -1 & 1 \end{pmatrix}$ の特性方程式は $\begin{vmatrix} 1-\lambda & 1 \\ -1 & 1-\lambda \end{vmatrix} = 0$ である．

$$(1-\lambda)(1-\lambda) + 1 = 0$$

$$\lambda^2 - 2\lambda + 2 = 0$$

$$\lambda = \frac{2 \pm \sqrt{4-8}}{2} = 1 \pm i$$

となり，2つの解はいずれも実数ではない複素数である． ∎

$A^T = A$ をみたす行列を**対称行列**という．2×2 対称行列は

$$\begin{pmatrix} a & b \\ b & c \end{pmatrix}$$

の形をした $(1,2)$ 成分と $(2,1)$ 成分が一致する行列である．

次の定理は，実対称行列が直交行列で対角化できるという線形代数学の定理の 2×2 実対称行列の場合である．

定理 7.9. 2×2 実対称行列（対称行列である実行列）$A = \begin{pmatrix} a & b \\ b & c \end{pmatrix}$ の特性方程式の2つの解は実数であり，それらを λ_1, λ_2 とするとき，

$$AC = C \begin{pmatrix} \lambda_1 & 0 \\ 0 & \lambda_2 \end{pmatrix}$$

をみたす直交行列 C が存在する．

この定理の証明は電子ファイルにおいて示す．定理7.9を用いると次の定理を導くことができる．

定理 7.10. C^2 級の 2 変数関数 $f(x,y)$ が $(x,y) = (a,b)$ において $f_x(a,b) = f_y(a,b) = 0$ をみたすとする．また，2×2 実対称行列

$$\begin{pmatrix} f_{xx}(a,b) & f_{xy}(a,b) \\ f_{xy}(a,b) & f_{yy}(a,b) \end{pmatrix}$$

の特性方程式の 2 つの実数解を λ_1, λ_2 とする．このとき，
(1) $\lambda_1 > 0, \lambda_2 > 0$ ならば，点 (a,b) の近くの (x,y) で，

$$f(x,y) \geqq f(a,b)$$

をみたす．このことを，2 変数関数 $f(x,y)$ は点 (a,b) で**極小値**をとるという．
(2) $\lambda_1 < 0, \lambda_2 < 0$ ならば，点 (a,b) の近くの (x,y) で，

$$f(x,y) \leqq f(a,b)$$

をみたす．このことを，2 変数関数 $f(x,y)$ は点 (a,b) で**極大値**をとるという．
(3) $\lambda_1 > 0, \lambda_2 < 0$ ならば，点 (a,b) で関数 $f(x,y)$ は極大値も極小値もとらない．この場合はある方向（v 軸方向）についてみれば極大に，それと直交する方向（u 軸方向）をみれば極小になっており，曲面は馬の鞍の形をしているので**鞍点**と呼ぶ．

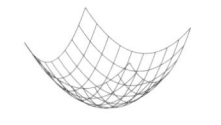

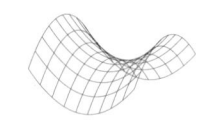

図 **7.2** 関数の極小点（左），極大点（中），鞍点（右）

この定理の証明は電子ファイルにおいて示す．2 変数関数の場合も，極大値あるいは極小値を**極値**という．1 変数関数の場合と同様に，2 変数関数 $f(x,y)$ が点 (a,b) で極値をとり，しかも，点 (a,b) で微分可能ならば，$f_x(a,b) = f_y(a,b) = 0$ がなりたつ．

7.5. 2変数関数の極値

例題 7.11. 関数 $f(x,y) = x^3 + y^3 - 3xy$ の極値を求めよ.

【解答】 偏微分すると, $f_x(x,y) = 3x^2 - 3y$, $f_y(x,y) = 3y^2 - 3x$ となる. $f_x(x,y) = f_y(x,y) = 0$ をみたす (x,y) を求める.

$y = x^2, x = y^2$ より, $x = x^4$ を得る. これより, $x^4 - x = x(x^3 - 1) = x(x-1)(x^2 + x + 1) = 0$ だから, $x = y = 0$ と $x = y = 1$ を得る. この2つが極値をとる点の候補である.

2次偏導関数を求めると,

$$f_{xx}(x,y) = 6x,\ f_{yy}(x,y) = 6y,\ f_{xy}(x,y) = -3$$

となる.

$x = y = 0$ のときの2次偏微分係数から定まる 2×2 行列の特性方程式は

$$\begin{vmatrix} f_{xx}(0,0) - \lambda & f_{xy}(0,0) \\ f_{xy}(0,0) & f_{yy}(0,0) - \lambda \end{vmatrix} = \begin{vmatrix} 0 - \lambda & -3 \\ -3 & 0 - \lambda \end{vmatrix} = 0$$

だから, これを解くと,

$$\lambda^2 - 9 = 0, \qquad \lambda = 3, -3$$

となり, 固有値は異符号だから, 定理 7.10 (3) より, この関数は $(x,y) = (0,0)$ で極値をとらない.

$x = y = 1$ のときの2次の偏微分係数から定まる 2×2 行列の特性方程式は

$$\begin{vmatrix} f_{xx}(1,1) - \lambda & f_{xy}(1,1) \\ f_{xy}(1,1) & f_{yy}(1,1) - \lambda \end{vmatrix} = \begin{vmatrix} 6 - \lambda & -3 \\ -3 & 6 - \lambda \end{vmatrix} = 0$$

だから, これを解くと,

$$(6-\lambda)^2 - 9 = 0, \qquad \lambda^2 - 12\lambda + 27 = 0$$

$$\lambda = \frac{12 \pm \sqrt{144 - 108}}{2} = \frac{12 \pm 6}{2} = 9, 3$$

となり, 固有値はいずれも正だから, 定理 7.10 (1) より, この関数は $(x,y) = (1,1)$ で極小値 $f(1,1) = -1$ をとる. ∎

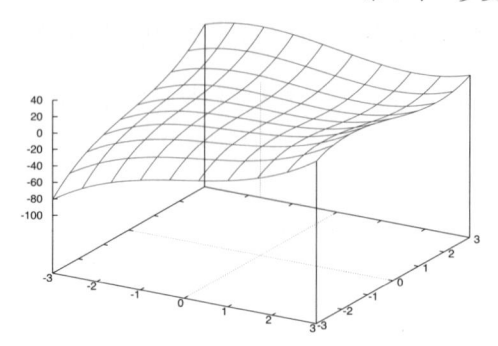

図 **7.3** 関数 $y = x^3 + y^3 - 3xy$ のグラフ

問題 7.8. 次の 2 変数関数の極値を求めよ．
(1)　$f(x,y) = e^{-x^2-y^2-xy-3x}$
(2)　$f(x,y) = x^3y^3 - x^2y^3 + 3xy - 4x - 3y$

定理 7.10 から，次の定理 7.11 を導くことができる．しかも，定理 7.11 は定理 7.10 を経由しないで直接簡単に証明することができる．そうであるのに，わざわざ定理 7.10 を掲げたのは，変数の個数が 3 以上の場合の極値についての定理は，その証明を含めて，2 次の偏微分係数からできる実対称行列の特性方程式の解の符号を用いた定理 7.10 の形で与えられるからである．

定理 7.11. C^2 級の 2 変数関数 $f(x,y)$ が $(x,y) = (a,b)$ において $f_x(a,b) = f_y(a,b) = 0$ をみたすとするとき，次がなりたつ．
(1)　$f_{xx}(a,b)f_{yy}(a,b) - f_{xy}(a,b)^2 > 0$　かつ，$f_{xx}(a,b) > 0$ ならば，関数 $f(x,y)$ は点 (a,b) で極小値をとる．
(2)　$f_{xx}(a,b)f_{yy}(a,b) - f_{xy}(a,b)^2 > 0$　かつ，$f_{xx}(a,b) < 0$ ならば，関数 $f(x,y)$ は点 (a,b) で極大値をとる．
(3)　$f_{xx}(a,b)f_{yy}(a,b) - f_{xy}(a,b)^2 < 0$ ならば，関数 $f(x,y)$ は点 (a,b) で極値をとらない鞍点になる．

この定理の証明は電子ファイルにおいて示す．

7.6 陰関数と条件付き極値

等式 $x^2+y^2-1=0$ について,関数 $y=\sqrt{1-x^2}$ はこの等式をみたす.また,関数 $y=-\sqrt{1-x^2}$ もこの等式をみたす.この意味で関数 $y=\sqrt{1-x^2}$ と関数 $y=-\sqrt{1-x^2}$ は等式 $x^2+y^2-1=0$ の**陰関数**であるという.

一般に,関数 $y=f(x)$ $(x\in D)$ が等式 $F(x,y)=0$ の**陰関数**であるとはすべての $x\in D$ について $F(x,f(x))=0$ がなりたつことである.陰関数を等式から具体的に求めることができる場合もあるが,一般にはどのような条件があれば陰関数が存在するかということが問題となる.

定理 7.12 (陰関数の存在定理). 点 (a,b) のまわりで定義された C^1 級の 2 変数関数 $F(x,y)$ が $F(a,b)=0$ および $F_y(a,b)\neq 0$ をみたすならば,$x=a$ のまわりで定義された関数 $y=f(x)$ で $f(a)=b$ および $F(x,f(x))=0$ をみたすものが存在する.

この定理の証明は電子ファイルにおいて示す.

例 7.3. 等式 $F(x,y)=x^2+y^2-1=0$ について,$F_x(x,y)=2x, F_y(x,y)=2y$ である.点 $(1,0)$ において,$F(1,0)=0$ であるが,$F_y(1,0)=0$ だから,$f(1)=0$ をみたす $y=f(x)$ の形をした陰関数は存在しないが,$F_x(1,0)=2\neq 0$ だから,定理 7.12 より,$f(1)=0$ をみたす $x=f(y)$ の形をした陰関数は存在する.実際,$x=\sqrt{1-y^2}$ がその陰関数である.

陰関数の存在定理を用いることにより,次の定理がなりたつ.

定理 7.13. 2 つの C^1 級の 2 変数関数 $F(x,y), G(x,y)$ に対して次で定める 3 変数関数 $H(x,y,\lambda)$ を考える.

$$H(x,y,\lambda)=F(x,y)-\lambda G(x,y)$$

関数 $F(x,y)$ を集合 $\Lambda=\{\,(x,y)\mid G(x,y)=0\,\}$ に制限したとき,Λ に属する点 (a,b) で極値をとり,しかも,$G_x(a,b)^2+G_y(a,b)^2\neq 0$ をみたすならば,

$$H_x(a,b,\lambda)=F_x(a,b)-\lambda G_x(a,b)=0$$
$$H_y(a,b,\lambda)=F_y(a,b)-\lambda G_y(a,b)=0$$

をみたす実数 λ が存在する．

なお，等式 $H_\lambda(a,b,\lambda) = -G(a,b) = 0$ は条件からみたされている．この定理を用いて，条件 $G(x,y) = 0$ のもとでの関数 $F(x,y)$ の極値をとる点を，3 変数関数 $H(x,y,\lambda)$ の極値として見つけ出す方法を**ラグランジュの未定乗数法**という．この定理の証明は電子ファイルにおいて示す．

例題 7.12. 集合 $D = \{\,(x,y) \mid x^2 + y^2 \leqq 1\,\}$ における関数 $F(x,y) = x^2 + xy + y^2$ の最大値と最小値を求めよ．

【解答】 $G(x,y) = x^2 + y^2 - 1$ とおき，$G(x,y) = 0$ をみたす点（つまり，D の境界の点）と $G(x,y) < 0$ をみたす点（つまり，D の内部の点）に分けて考える．まず，条件 $G(x,y) = 0$ のもとでの関数 $F(x,y)$ の極値をラグランジュの未定乗数法によって求める．

$$G_x(x,y)^2 + G_y(x,y)^2 = (2x)^2 + (2y)^2 = 4(x^2+y^2) = 4 \neq 0$$

をみたしている．$H(x,y,\lambda) = x^2 + xy + y^2 - \lambda(x^2 + y^2 - 1)$ とおくと，

$$H_x(x,y,\lambda) = 2x + y - 2\lambda x, \quad H_y(x,y,\lambda) = x + 2y - 2\lambda y$$

定理 7.13 より，極値をとる点では $2x + y - 2\lambda x = 0$, $x + 2y - 2\lambda y = 0$ をみたす λ が存在する．$y = 2x(\lambda - 1)$, $x = 2y(\lambda - 1)$ だから，$x^2 + y^2 = 4(\lambda - 1)^2(x^2 + y^2) = 1$ となり，$4(\lambda - 1)^2 = 1$ より，$\lambda = \frac{3}{2}, \frac{1}{2}$ を得る．$\lambda = \frac{3}{2}$ のとき，$y = 2x(\frac{3}{2} - 1) = x$ だから $x^2 + y^2 - 1 = 2x^2 - 1 = 0$ となり $x = \frac{\pm 1}{\sqrt{2}}$, $y = \frac{\pm 1}{\sqrt{2}}$（複号同順）を得る．$\lambda = \frac{1}{2}$ のとき，$y = 2x(\frac{1}{2} - 1) = -x$ だから $x^2 + y^2 - 1 = 2x^2 - 1 = 0$ となり，$x = \frac{\pm 1}{\sqrt{2}}, y = -\frac{\pm 1}{\sqrt{2}}$（複号同順）を得る．$\{\,(x,y) \mid G(x,y) = x^2 + y^2 - 1 = 0\,\}$ は有界閉集合（例題 10.2）だから，連続関数 $F(x,y)$ は条件 $G(x,y) = 0$ のもとで，最大値をとる点と最小値をとる点が存在し（定理 10.13），どちらも極値をとる点だから，その最大値は $F(\frac{\pm 1}{\sqrt{2}}, \frac{\pm 1}{\sqrt{2}}) = \frac{3}{2}$, 最小値は $F(\frac{\pm 1}{\sqrt{2}}, -\frac{\pm 1}{\sqrt{2}}) = \frac{1}{2}$ である．

次に，関数 $F(x,y)$ の極値を求める．$F_x(x,y) = 2x + y = 0$, $F_y(x,y) = x + 2y = 0$ より，$x = 0$, $y = 0$ を得る．極値をとる点の候補は点 $(0,0)$ だけであり，$F(0,0) = 0$ である．定理 10.13 より，連続関数 $F(x,y)$ は有界閉集

合 D で最大値と最小値をとる点が存在する．その最大値は $G(x,y) = 0$ をみたす点での最大値 $F(\frac{\pm 1}{\sqrt{2}}, \frac{\pm 1}{\sqrt{2}}) = \frac{3}{2}$ である．なぜなら，$F(x,y)$ が最大値をとるような $G(x,y) < 0$ をみたす点があるとすれば，それは $F(x,y)$ が極値をとる点でなければならないが，極値をとる点での値は $F(0,0) = 0 < \frac{3}{2}$ だからである．また，関数 $F(x,y)$ の集合 D での最小値は $F(0,0) = 0$ である．なぜなら，$G(x,y) = 0$ をみたす点での最小値 $\frac{1}{2}$ は 0 よりも大きいので，最小値をとる点は $G(x,y) < 0$ をみたす点であるが，それは極値だからである．

なお，$F_{xx}(x,y) = 2$, $F_{xy}(x,y) = 1$, $F_{yy}(x,y) = 2$ だから，行列

$$\begin{pmatrix} F_{xx}(0,0) & F_{xy}(0,0) \\ F_{yx}(0,0) & F_{yy}(0,0) \end{pmatrix} = \begin{pmatrix} 2 & 1 \\ 1 & 2 \end{pmatrix}$$

の特性方程式は

$$\begin{vmatrix} 2-\lambda & 1 \\ 1 & 2-\lambda \end{vmatrix} = (2-\lambda)^2 - 1 = 0$$

となり，解は $\lambda = 3, 1$ である．解はともに正だから，定理 7.10 より，確かに関数 $F(x,y)$ は $(x,y) = (0,0)$ で極小値をとっている． ∎

問題 7.9. 条件 $G(x,y) = x^2 + y^2 - 1 = 0$ のもとでの関数 $F(x,y) = 2x + 2y$ の最大値と最小値を求めよ．

7.7 n 変数関数の極値

これまで 2 変数関数について学んできたが，変数の個数が多い関数についても同じような議論ができる．n 個の変数 $x_1, x_2, \cdots, x_n$ を持つ n 変数関数 $f(x_1, x_2, \cdots, x_n)$ が C^2 級であるとき，

$$\begin{aligned} f(x_1, x_2, \cdots, x_n) = & f(a_1, a_2, \cdots, a_n) + \sum_{i=1}^{n} f_{x_i}(a_1, a_2, \cdots, a_n)(x_i - a_i) \\ & + \sum_{i=1}^{n} \sum_{j=1}^{n} f_{x_i x_j}(a_1, a_2, \cdots, a_n)(x_i - a_i)(x_j - a_j) \\ & + o\left(\sqrt{\sum_{i=1}^{n} (x_i - a_i)^2}\right) \end{aligned}$$

がなりたつ．この右辺の2次の項は

$$
\begin{pmatrix} x_1 - a_1 & x_2 - a_2 & \cdots & x_n - a_n \end{pmatrix}
$$
$$
\times \begin{pmatrix} f_{x_1 x_1}(a_1, \cdots, a_n) & f_{x_1 x_2}(a_1, \cdots, a_n) & \cdots & f_{x_1 x_n}(a_1, \cdots, a_n) \\ f_{x_2 x_1}(a_1, \cdots, a_n) & f_{x_2 x_2}(a_1, \cdots, a_n) & \cdots & f_{x_2 x_n}(a_1, \cdots, a_n) \\ \vdots & \vdots & \ddots & \vdots \\ f_{x_n x_1}(a_1, \cdots, a_n) & f_{x_n x_2}(a_1, \cdots, a_n) & \cdots & f_{x_n x_n}(a_1, \cdots, a_n) \end{pmatrix}
$$
$$
\times \begin{pmatrix} x_1 - a_1 \\ x_2 - a_2 \\ \vdots \\ x_n - a_n \end{pmatrix}
$$

と2次の偏微分係数からできる $n \times n$ 実対称行列を用いて表すことができる．線形代数学の結果により，$n \times n$ 実対称行列は，その特性方程式の n 個の解 $\lambda_1, \lambda_2, \cdots, \lambda_n$ と $n \times n$ 直交行列によって，対角化できるので，2次の項は，その直交行列で変数変換すれば，

$$\lambda_1 u_1^2 + \lambda_2 u_2^2 + \cdots + \lambda_n u_n^2$$

という形になる．したがって，条件 $f_{x_1}(a_1, \cdots, a_n) = f_{x_2}(a_1, \cdots, a_n) = \cdots = f_{x_n}(a_1, \cdots, a_n) = 0$ がなりたつときは，
$$f(x_1, x_2, \cdots, x_n) = f(a_1, a_2, \cdots, a_n)$$
$$+ \lambda_1 u_1^2 + \lambda_2 u_2^2 + \cdots + \lambda_n u_n^2 + o(\sqrt{u_1^2 + \cdots + u_n^2})$$
と表せるので，$\lambda_1, \lambda_2, \cdots, \lambda_n$ がすべて正のときは，関数 $f(x_1, x_2, \cdots, x_n)$ は点 $(a_1, a_2, \cdots, a_n)$ で極小値をとり，$\lambda_1, \lambda_2, \cdots, \lambda_n$ がすべて負のときは，関数 $f(x_1, x_2, \cdots, x_n)$ は点 $(a_1, a_2, \cdots, a_n)$ で極大値をとる．

　ラグランジュ未定乗数法は，変数の個数が多い関数に対する複数の等式 ($=$) 条件，あるいは，複数の等式不等式 ($\leqq$) 条件のもとでの条件付極値問題に拡張でき，非線形数理計画法などに用いられる．

7.8　7章章末問題

問題 7.10. C^2 級の2変数関数 $z = f(x, y)$ と r と θ を変数とする2つの2変数関数 $x = r\cos\theta, y = r\sin\theta$ の合成関数 $z = f(r\cos\theta, r\sin\theta)$ について

7.8. 7章章末問題

$$\frac{\partial^2 z}{\partial x^2} + \frac{\partial^2 z}{\partial y^2} = \frac{\partial^2 z}{\partial r^2} + \frac{1}{r}\frac{\partial z}{\partial r} + \frac{1}{r^2}\frac{\partial^2 z}{\partial \theta^2}$$

がなりたつことを示せ.

問題 7.11. C^2 級の2変数関数 $w = f(u,v)$ が $\frac{\partial^2 w}{\partial u \partial v} = 0$ をみたすならば, 2つの1変数関数 $g(u)$, $h(v)$ でもって, $f(u,v) = g(u) + h(v)$ と表せることを示せ.

問題 7.12. C^2 級の関数 $w = g(x,t)$ が $\frac{\partial^2 w}{\partial t^2} = c^2 \frac{\partial^2 w}{\partial x^2}$ ($c \neq 0$ は定数) をみたすとき, $u = x - ct$, $v = x + ct$ と変数変換すれば, $\frac{\partial^2 w}{\partial u \partial v} = 0$ がなりたつことを示せ.

問題 7.13. 2変数関数 $f(x,y) = xe^{-\frac{x^2+y^2}{2}}$ の極値を求めよ.

問題 7.14. 原点 $(0,0)$ の近くで C^2 級の2つの関数 $g(x)$, $h(y)$ の積として表せる2変数関数 $f(x,y) = g(x)h(x)$ について,
(1) $f(x,y)$ は原点 $(0,0)$ の近くで C^2 級であることを示せ.
(2) $f(x,y)$ の原点 $(0,0)$ の近くでの2次近似式を求めよ.

問題 7.15. 条件 $x+y = 1$ のもとでの関数 $F(x,y) = -x\log x - y\log y$ ($0 \leq x,y \leq 1$) の最大値をラグランジュ未定乗数法を用いて求めよ. ただし, $0\log 0 = 0$ とする.

問題 7.16. (1) 偏微分方程式 $\frac{\partial^2 w}{\partial x^2} - \frac{\partial^2 w}{\partial y^2} = 0$ は **1次変換** $\begin{cases} u = ax + by \\ v = cx + dy \end{cases}$ (ただし, $a \neq 0, b \neq 0$) により変数変換すると, 偏微分方程式 $(a^2 - b^2)\frac{\partial^2 w}{\partial u^2} + 2(ac - bd)\frac{\partial^2 w}{\partial u \partial v} + (c^2 - d^2)\frac{\partial w}{\partial v^2} = 0$ が得られることを示せ.
(2) (1) において, $\frac{\partial^2 w}{\partial x^2} - \frac{\partial^2 w}{\partial y^2} = 0$ から, $\frac{\partial^2 w}{\partial u^2} - \frac{\partial^2 w}{\partial v^2} = 0$ を得るのは, $ac - bd = 0$, $a^2 - b^2 = -(c^2 - d^2)$ のときであるが, そのときの1次変換は $\begin{cases} u = ax + by \\ v = \pm(bx + ay) \end{cases}$ (この変換を**ローレンツ変換**という) であることを示せ.

以下の問題については略解のみを電子ファイルに示す.

問題 7.17. 次の関数の偏導関数および2次偏導関数を求めよ.

(1) $z = \dfrac{y}{x}$ (2) $z = \log |xy|$
(3) $f(x,y) = \dfrac{\sin x}{\cos y}$ (4) $f(x,y) = e^{\frac{y}{x}}$

問題 7.18. 関数 $z = \log(x^2 + y^2)$ について, $\frac{\partial^2 z}{\partial x^2} + \frac{\partial^2 z}{\partial y^2}$ を求めよ.

問題 7.19. 関数 $f(x,y) = x^2 y^2 - 2x^2 y + y^2 - 2y + 2$ の極値を求めよ.

第8章

重 積 分

8.1 2重積分の計算

座標平面の集合 $D = \{\,(x,y) \mid x \geqq 0,\ y \geqq 0,\ x^2+y^2 \leqq 1\,\}$ に対して，記号

$$\iint_D xy\,dxdy$$

は，2変数関数 $f(x,y) = xy$ の集合 D での **2重積分**という．集合 D は $D = \{\,(x,y) \mid 0 \leqq y \leqq \sqrt{1-x^2},\ 0 \leqq x \leqq 1\,\}$ と表せるので，この2重積分は

$$\begin{aligned}
\iint_D xy\,dxdy &= \int_0^1 \{\int_0^{\sqrt{1-x^2}} xy\,dy\}dy \\
&= \int_0^1 \left[\frac{xy^2}{2}\right]_0^{\sqrt{1-x^2}} dx \\
&= \int_0^1 \frac{x(1-x^2)}{2}dx \\
&= \left[-\frac{(1-x^2)^2}{8}\right]_0^1 \\
&= -0 + \frac{1}{8} = \frac{1}{8}
\end{aligned}$$

と計算する．すなわち，まず x を止めて y について 0 から $\sqrt{1-x^2}$ まで積分し，できた x の関数

$$\frac{x(1-x^2)}{2}$$

を 0 から 1 まで積分する．

8.1. 2重積分の計算

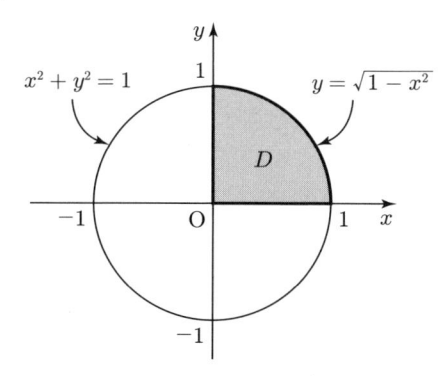

図 8.1　集合 $D = \{\,(x,y) \mid x \geqq 0,\ y \geqq 0,\ x^2 + y^2 \leqq 1\,\}$

一般に閉区間 $[a,b]$ 上で定義された 2 つの連続な関数 $g(x), h(x)$ （ただし，$h(x) \leqq g(x)\ (a \leqq x \leqq b)$）で挟まれた座標平面の集合

$$D = \{\,(x,y) \mid h(x) \leqq y \leqq g(x),\ a \leqq x \leqq b\,\}$$

における 2 変数関数 $f(x,y)$ の 2 重積分 $\iint_D f(x,y)\,dxdy$ は

$$\iint_D f(x,y)\,dxdy = \int_a^b \{\int_{h(x)}^{g(x)} f(x,y)\,dy\}dx$$

でもって計算する．x を定数と見て y について積分することを**偏積分**という．また，y で偏積分し，それを x で積分することを**累次積分**という．

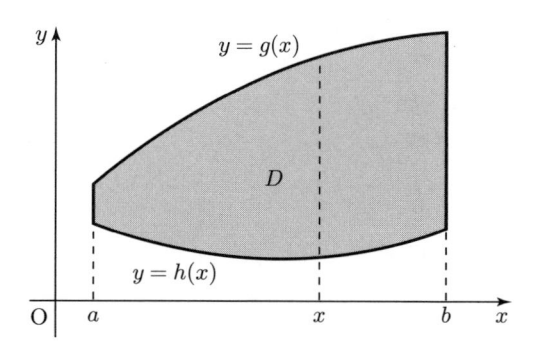

図 8.2　集合 $D = \{\,(x,y) \mid h(x) \leqq y \leqq g(x),\ a \leqq x \leqq b\,\}$

被積分関数が $f(x,y) \geqq 0$ をみたすとき,2重積分 $\iint_D f(x,y)\,dxdy$ は,座標空間の曲面 $z = f(x,y)$ と (x,y) 平面とで挟まれた集合 D の範囲での柱体の体積を意味する.このように体積を意味する2重積分を累次積分によって計算することができるのはなぜか,については,2重積分の定義を含めて次の節で学ぶことにして,ここでは累次積分による2重積分の計算を行う.

例題 8.1. $D = \{\,(x,y) \mid x \geqq 0,\ y \geqq 0,\ x + y \leqq 1\,\}$ とするとき,2重積分 $\iint_D (x^2 + y^2)\,dxdy$ を求めよ.

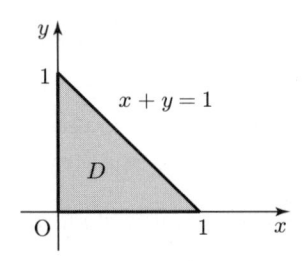

図 8.3 集合 $D = \{\,(x,y) \mid x \geqq 0,\ y \geqq 0,\ x + y \leqq 1\,\}$

【解答】 $D = \{\,(x,y) \mid 0 \leqq y \leqq 1-x,\ 0 \leqq x \leqq 1\,\}$ と表せるので,

$$
\begin{aligned}
\iint_D (x^2+y^2)dxdy &= \int_0^1 \{\int_0^{1-x}(x^2+y^2)dy\}dx \\
&= \int_0^1 \left[x^2 y + \frac{y^3}{3}\right]_0^{1-x} dx \\
&= \int_0^1 \{x^2(1-x) + \frac{(1-x)^3}{3}\}dx \\
&= \int_0^1 (-\frac{4}{3}x^3 + 2x^2 - x + \frac{1}{3})dx \\
&= \left[-\frac{x^4}{3} + \frac{2x^3}{3} - \frac{x^2}{2} + \frac{x}{3}\right]_0^1 = -\frac{1}{3} + \frac{2}{3} - \frac{1}{2} + \frac{1}{3} = \frac{1}{6}
\end{aligned}
$$

■

8.1. 2 重積分の計算

例題 8.2. $D = \{\,(x,y) \mid x \leqq y \leqq 1,\ 0 \leqq x \leqq 1\,\}$ とするとき、2 重積分 $\iint_D e^{-y^2}\,dxdy$ を求めよ.

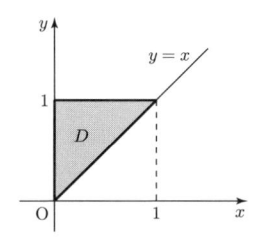

図 8.4 集合 $D = \{\,(x,y) \mid x \leqq y \leqq 1,\ 0 \leqq x \leqq 1\,\}$

【解答】 累次積分により, $\iint_D e^{-y^2}\,dxdy = \int_0^1 \{\int_x^1 e^{-y^2}\,dy\}dx$ としても, e^{-y^2} の原始関数が求まらずこれ以上計算できないので, 累次積分の順序をいれかえて計算する.

$D = \{\,(x,y) \mid 0 \leqq x \leqq y,\ 0 \leqq y \leqq 1\,\}$ だから,

$$\iint_D e^{-y^2}\,dxdy = \int_0^1 \{\int_0^y e^{-y^2} dx\}dy$$

$$= \int_0^1 \left[x e^{-y^2}\right]_0^y dx$$

$$= \int_0^1 y e^{-y^2} dy = \left[-\frac{e^{-y^2}}{2}\right]_0^1$$

$$= -\frac{1}{2}(e^{-1} - e^0) = \frac{1}{2}(1 - \frac{1}{e})$$

■

問題 8.1. 次の 2 重積分の値を求めよ.

(1) $\iint_D x\sqrt{y}\,dxdy,$ ただし, $D = \{\,(x,y) \mid 0 \leqq y \leqq x^2, 0 \leqq x \leqq 1\,\}$
(2) $\iint_D x^2 y\,dxdy,$ ただし, $D = \{\,(x,y) \mid 0 \leqq x \leqq y \leqq 1\,\}$
(3) $\iint_D x\,dxdy,$ ただし, $D = \{\,(x,y) \mid x \geqq 0,\ x^2 + y^2 \leqq a^2\,\},\quad (a > 0)$

8.2　2重積分の定義

4つの実数 a, b, c, d (ただし, $a < b, c < d$ とする) に対して,

$$[a, b] \times [c, d] = \{ (x, y) \mid a \leqq x \leqq b, c \leqq y \leqq d \}$$

で定まる座標平面の閉長方形集合を考える．ここで閉というのは，境界の点を含むという意味である．たとえば，長方形集合 $(a, b) \times (c, d)$ は閉ではない．まず，閉長方形集合 $[a, b] \times [c, d]$ 上で定義された有界関数 $f(x, y)$ の2重積分を定義する．

閉区間 $[a, b]$ に分点 $a = x_0 < x_1 < x_2 < \cdots < x_n = b$ をとり，閉区間 $[c, d]$ に分点 $c = y_0 < y_1 < y_2 < \cdots < y_m = d$ をとると，閉長方形集合 $[a, b] \times [c, d]$ の小長方形集合への**分割**ができる．それを記号

$$\Delta : a = x_0 < x_1 < x_2 < \cdots < x_n = b, c = y_0 < y_1 < y_2 < \cdots < y_m = d$$

で表す．$[a, b]$ の i 番目の小区間と $[c, d]$ の j 番目の小区間からできる小長方形は，

$$[x_{i-1}, x_i] \times [y_{j-1}, y_j] = \{ (x, y) \mid x_{i-1} \leqq x \leqq x_i, y_{j-1} \leqq y \leqq y_j \}$$

となる．閉長方形集合 $[a, b] \times [c, d]$ の分割 Δ とはこれら $n \times m$ 個の小長方形へ分けることである．分割 Δ の小長方形集合の対角線の長さの最大値を記号 $|\Delta|$ で表す．

$$|\Delta| = \max\{ \sqrt{(x_i - x_{i-1})^2 + (y_j - y_{j-1})^2} \mid$$
$$i = 1, 2, \cdots, n, j = 1, 2, \cdots, m \}$$

閉長方形集合 $[a, b] \times [c, d]$ 上の有界な関数 $f(x, y)$ と閉長方形集合 $[a, b] \times [c, d]$ の分割 Δ に対して，小長方形集合

$$[x_{i-1}, x_i] \times [y_{j-1}, y_j]$$

における関数 $f(x, y)$ の上限を M_{ij}, 下限を m_{ij}, すなわち,

$$M_{ij} = \sup\{ f(x, y) \mid x_{i-1} \leqq x \leqq x_i, y_{j-1} \leqq y \leqq y_j \},$$

$$m_{ij} = \inf\{ f(x, y) \mid x_{i-1} \leqq x \leqq x_i, y_{j-1} \leqq y \leqq y_j \}$$

とする．さらに，小長方形集合の面積 $(x_i - x_{i-1})(y_j - y_{j-1})$ に高さ M_{ij} を

8.2. 2重積分の定義

掛けた直方体の体積の総和を $S(\Delta)$, 高さ m_{ij} を掛けた直方体の体積の総和を $s(\Delta)$, すなわち,

$$S(\Delta) = \sum_{i=1}^{n} \sum_{j=1}^{m} M_{ij}(x_i - x_{i-1})(y_j - y_{j-1})$$

$$s(\Delta) = \sum_{i=1}^{n} \sum_{j=1}^{m} m_{ij}(x_i - x_{i-1})(y_j - y_{j-1})$$

とする.

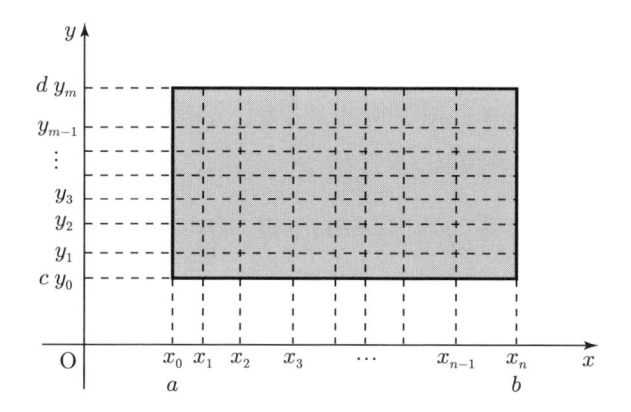

図 8.5 閉長方形集合の分割 Δ

一般に $s \leqq S$ がなりたつ. このことは, 定積分の場合は閉区間の分割であったのが 2 重積分の場合は閉長方形集合の分割であるところが異なるだけで, 同様に示すことができる. このことの証明は電子ファイルにおいて示す.

特に, s と S が一致するとき, すなわち, $s = S$ がなりたつとき, 2 変数関数 $f(x.y)$ は閉長方形集合 $[a,b] \times [c,d]$ 上で **2 重積分可能**であるという. また, 一致した値を $f(x,y)$ の $[a,b] \times [c,d]$ 上での **2 重積分の値**といい,

$$\iint_{[a,b] \times [c,d]} f(x,y) \, dxdy$$

で表す (結果においては前節の 2 重積分と同じものになるが, ここではあらためて定義している).

定理 8.1. 閉長方形集合 $[a,b]\times[c,d]$ 上の有界な関数 $f(x,y)$ が2重積分可能であるとき，閉長方形集合 $[a,b]\times[c,d]$ の分割 Δ の小長方形集合 $[x_{i-1},x_i]\times[y_{j-1},y_j]$ における関数 $f(x,y)$ の上限 M_{ij}，下限 m_{ij} に対して，数 f_{ij} が $m_{ij} \leqq f_{ij} \leqq M_{ij}$ をみたすならば，

$$\lim_{|\Delta|\to 0}\sum_{i=1}^{n}\sum_{j=1}^{m}f_{ij}(x_i-x_{i-1})(y_j-y_{j-1}) = \iint_{[a,b]\times[c,d]} f(x,y)\,dxdy$$

がなりたつ．

定理 8.1 は定積分の場合の定理 6.4 と同様の方法で証明できる．この定理の証明は電子ファイルにおいて示す．

定理 8.2. 閉長方形集合 $[a,b]\times[c,d]$ で連続な2変数関数 $f(x,y)$ は2重積分可能である．また，2重積分の値は

$$\iint_{[a,b]\times[c,d]} f(x,y)\,dxdy = \int_a^b\{\int_c^d f(x,y)dy\}dx$$

によって計算できる．

この定理の証明は電子ファイルにおいて示す．

座標平面の集合 D に対して，D に属する点では値 1 をとり，D に属さない点では値 0 をとる2変数関数を記号 $1_D(x,y)$ で表し，集合 D の**定義関数**という．

$$1_D(x,y) = \begin{cases} 1, & ((x,y)\in D \text{ のとき}) \\ 0, & ((x,y)\notin D \text{ のとき}) \end{cases}$$

定理 8.3. 閉区間 $[a,b]$ 上で定義された2つの連続な関数 $g(x), h(x)$（ただし，$c\leqq h(x)<g(x)\leqq d\ (a\leqq x\leqq b)$）で挟まれた座標平面の集合

$$D = \{\,(x,y)\mid h(x)\leqq y\leqq g(x), a\leqq x\leqq b\,\}$$

の定義関数 $1_D(x,y)$ は閉長方形集合 $[a,b]\times[c,d]$ で2重積分可能である．

8.2. 2重積分の定義

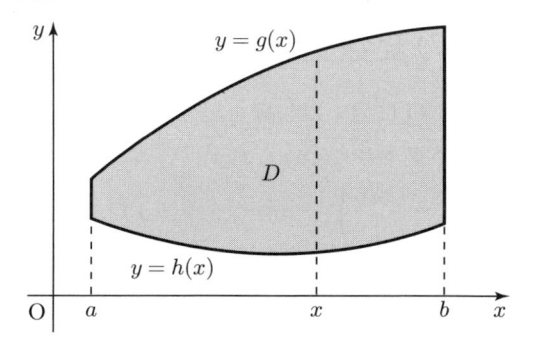

図 8.6 集合 $D = \{\,(x,y) \mid h(x) \leqq y \leqq g(x),\ a \leqq x \leqq b\,\}$

この定理の証明は電子ファイルにおいて示す.

有界閉集合 $[a,b] \times [c,d]$ 上で定義された有界な 2 変数関数と $[a,b] \times [c,d]$ に含まれる集合 D について，関数 $f(x,y)\,1_D(x,y)$ が $[a,b] \times [c,d]$ で 2 重積分可能であるとき，関数 $f(x,y)$ は集合 D で **2 重積分可能**であるといい，2 重積分の値 $\iint_{[a,b]\times[c,d]} f(x,y)\,1_D(x,y)dxdy$ を

$$\iint_D f(x,y)\,dxdy$$

で表す.

定理 8.4. 閉区間 $[a,b]$ 上で定義された 2 つの連続な関数 $g(x), h(x)$ （ただし，$c \leqq h(x) \leqq g(x) \leqq d\ (a \leqq x \leqq b)$）で挟まれた座標平面の集合

$$D = \{\,(x,y) \mid h(x) \leqq y \leqq g(x), a \leqq x \leqq b\,\}$$

で連続な 2 変数関数 $f(x,y)$ はこの集合 D で 2 重積分可能であり，2 重積分の値は

$$\iint_D f(x,y)\,dxdy = \int_a^b \{\int_{h(x)}^{g(x)} f(x,y)dy\}\,dx$$

によって，計算できる.

この定理の証明は電子ファイルにおいて示す.

8.3　2重積分の変数変換公式

　座標平面の点 P から点 Q に引いた矢線を記号 $\overrightarrow{PQ}$ で表し，点 P を始点とし点 Q を終点とする**矢線ベクトル**という．点 P の座標が (x_1, y_1)，点 Q の座標が (x_2, y_2) のとき，$\begin{pmatrix} x_2 - x_1 \\ y_2 - y_1 \end{pmatrix}$ を矢線ベクトル $\overrightarrow{PQ}$ の**成分**という．

定理 8.5. 成分が $\begin{pmatrix} a \\ b \end{pmatrix}$ の矢線ベクトル $\overrightarrow{OP}$ と成分が $\begin{pmatrix} c \\ d \end{pmatrix}$ の矢線ベクトル $\overrightarrow{OQ}$ を両辺とする平行四辺形の面積は 2 次の行列式 $\begin{vmatrix} a & c \\ b & d \end{vmatrix}$ の値の絶対値に等しい．

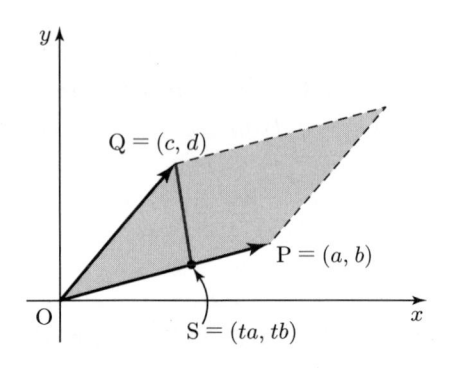

図 8.7　座標平面の平行四辺形の面積

　この定理の証明は電子ファイルにおいて示す．

　2 つの C^1 級の関数 $u = g(x, y)$，$v = h(x, y)$ に対して，偏導関数を並べた 2 次の行列式の値で定まる関数

$$\frac{\partial(u, v)}{\partial(x, y)}(x, y) = \begin{vmatrix} \frac{\partial u}{\partial x}(x, y) & \frac{\partial v}{\partial x}(x, y) \\ \frac{\partial u}{\partial y}(x, y) & \frac{\partial v}{\partial y}(x, y) \end{vmatrix} = \frac{\partial u}{\partial x} \frac{\partial v}{\partial y} - \frac{\partial u}{\partial y} \frac{\partial v}{\partial x}$$

を $u = g(x, y), v = h(x, y)$ の**ヤコビアン**という．

例題 8.3. 2 つの 2 変数関数 $x = r\cos\theta$，$y = r\sin\theta$ のヤコビアンを求めよ．

8.3. 2重積分の変数変換公式

【解答】

$$\frac{\partial(x,y)}{\partial(r,\theta)} = \begin{vmatrix} \frac{\partial x}{\partial r} & \frac{\partial y}{\partial r} \\ \frac{\partial x}{\partial \theta} & \frac{\partial y}{\partial \theta} \end{vmatrix} = \begin{vmatrix} \cos\theta & \sin\theta \\ -r\sin\theta & r\cos\theta \end{vmatrix} = r\cos^2\theta + r\sin^2\theta = r$$

この変数変換は**極座標変換**と呼ばれる． ∎

定理 8.6 (2重積分の置換積分の公式). 2つの C^1 級の関数 $u = g(x,y)$, $v = h(x,y)$ によって，(x,y) 平面の集合 D が (u,v) 平面の集合 E に1対1に写るとき，集合 E 上の連続関数 $f(u,v)$ の2重積分と合成関数 $f(g(x,y), h(x,y))$ の2重積分の間に次がなりたつ．

$$\iint_E f(u,v)\,dudv = \iint_D f(g(x,y), h(x,y))|\frac{\partial(u,v)}{\partial(x,y)}|\,dxdy$$

この定理の証明は電子ファイルにおいて示す．定理 8.6 の証明でもわかるように，ヤコビアン $\frac{\partial(u,v)}{\partial(x,y)}$ は2つの2変数関数 $u = g(x,y)$, $v = h(x,y)$ が定める (x,y) 平面から (u,v) 平面への写像の各点における面積拡大縮小率（係数）を意味するものである．

例題 8.4. $D = \{\,(x,y) \mid x^2 + y^2 \leqq a^2\,\}$ $(a > 0)$ とするとき，2重積分 $\iint_D \sqrt{a^2 - x^2 - y^2}\,dxdy$ を置換積分により求めよ．

【解答】 $x = r\cos\theta$, $y = r\sin\theta$ と極座標変換すると，(r,θ) 平面の集合 $E = \{\,(r,\theta) \mid 0 \leqq \theta \leqq 2\pi,\ 0 \leqq r \leqq a\,\}$ が (x,y) 平面の集合 D に1対1に写り，ヤコビアンは $\frac{\partial(x,y)}{\partial(r,\theta)} = r$ （例題 8.3）だから，置換積分の公式（定理 8.6）を用いると，

$$\begin{aligned}
\iint_D \sqrt{a^2 - x^2 - y^2}\,dxdy &= \iint_E \sqrt{a^2 - r^2\cos^2\theta - r^2\sin^2\theta} \times |r|\,drd\theta \\
&= \int_0^{2\pi} \{\int_0^a \sqrt{a^2 - r^2}\,r\,dr\}d\theta \\
&= \int_0^{2\pi} \left[\frac{-1}{3}(a^2 - r^2)^{\frac{3}{2}}\right]_0^a d\theta \\
&= \int_0^{2\pi} \{-0 + \frac{a^3}{3}\}d\theta = \frac{a^3}{3} \times 2\pi = \frac{2\pi}{3}a^3
\end{aligned}$$

∎

これは，原点 O を中心とする半径 a の球の上半分の体積が $\frac{2}{3}\pi a^3$ であることを計算している．

例題 8.5. $D = \{\,(x,y) \mid 0 \leqq x+y \leqq 1,\ 0 \leqq x-y \leqq 1\,\}$ とするとき，2 重積分 $\iint_D \frac{x-y}{1+x+y} dxdy$ を求めよ．

【解答】 $u = x+y,\ v = x-y$ と変数変換すると，$x = \frac{u+v}{2},\ v = \frac{u-v}{2}$ であり，(u,v) 平面の集合 $E = \{\,(u,v) \mid 0 \leqq v \leqq 1,\ 0 \leqq u \leqq 1\,\}$ が (x,y) 平面の集合 D に 1 対 1 に写る．ヤコビアンは

$$\frac{\partial(x,y)}{\partial(u,v)} = \begin{vmatrix} \frac{\partial x}{\partial u} & \frac{\partial x}{\partial v} \\ \frac{\partial y}{\partial u} & \frac{\partial y}{\partial v} \end{vmatrix}$$

$$= \begin{vmatrix} \frac{1}{2} & \frac{1}{2} \\ \frac{1}{2} & -\frac{1}{2} \end{vmatrix}$$

$$= \frac{1}{2} \times (-\frac{1}{2}) - \frac{1}{2} \times \frac{1}{2} = -\frac{1}{2}$$

となる．したがって，

$$\iint_D \frac{x-y}{1+x+y} dxdy = \iint_E \frac{v}{1+u} \times |-\frac{1}{2}| dudv$$

$$= \int_0^1 \{\frac{1}{2(1+u)} \int_0^1 v dv\} du$$

$$= \int_0^1 \{\frac{1}{2(1+u)} \left[\frac{v^2}{2}\right]_0^1\} du$$

$$= \int_0^1 \{\frac{1}{2(1+u)} \times (\frac{1}{2} - 0)\} du = \frac{1}{4} [\log(1+u)]_0^1$$

$$= \frac{1}{4}(\log 2 - \log 1) = \frac{1}{4}\log 2$$

■

問題 8.2. 次の 2 重積分の値を求めよ．

(1) $\iint_D \frac{y^2}{x^2} e^{-y^2}\, dxdy$，ただし，$D = \{\,(x,y) \mid 1 \leqq \frac{y}{x} \leqq 2,\ 1 \leqq y \leqq 2\,\}$

(2) $\iint_D \frac{a}{\sqrt{a^2-x^2-y^2}} dxdy$，ただし，$D = \{\,(x,y) \mid x^2 + y^2 \leqq a^2\,\}$

8.4 曲面とその曲面積

座標平面の場合と同じように座標空間における矢線ベクトルを考える．座標空間の点 P から点 Q に引いた矢線を記号 $\overrightarrow{PQ}$ で表し，点 P を始点とし点 Q を終点とする**矢線ベクトル**という．点 P の座標が (x_1, y_1, z_1)，点 Q の座標が (x_2, y_2, z_2) のとき，$\begin{pmatrix} x_2 - x_1 \\ y_2 - y_1 \\ z_2 - z_1 \end{pmatrix}$ を矢線ベクトル $\overrightarrow{PQ}$ の**成分**という．

定理 8.7. 成分が $\begin{pmatrix} x_1 \\ y_1 \\ z_1 \end{pmatrix}$ の矢線ベクトル $\overrightarrow{OP}$ と成分が $\begin{pmatrix} x_2 \\ y_2 \\ z_2 \end{pmatrix}$ の矢線ベクトル $\overrightarrow{OQ}$ を両辺とする平行四辺形の面積は次に等しい．

$$\sqrt{\begin{vmatrix} y_1 & y_2 \\ z_1 & z_2 \end{vmatrix}^2 + \begin{vmatrix} z_1 & z_2 \\ x_1 & x_2 \end{vmatrix}^2 + \begin{vmatrix} x_1 & x_2 \\ y_1 & y_2 \end{vmatrix}^2}$$

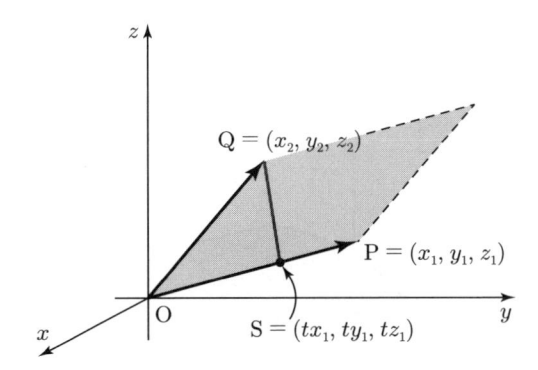

図 **8.8** 座標空間の平行四辺形の面積

この定理の証明は電子ファイルにおいて示す．

(u, v) 平面の閉長方形集合 $D = \{\, (u, v) \mid a \leqq u \leqq b,\ c \leqq y \leqq d \,\}$ で定義された 3 つの連続な関数 $x = f(u, v)$, $y = g(u, v)$, $z = h(u, v)$ が与えられ

たとき，(x, y, z) 空間の点 $(f(u,v), g(u,v), h(u,v))$ を考え，変数 (u,v) を動かすと，**曲面**を描く．この曲面を記号 $S : x = f(u,v),\ y = g(u,v),\ z = h(u,v)\ \ ((u,v) \in D)$ で表す．

閉長方形集合 D の分割
$$\Delta : a = u_0 < u_1 < u_2 < \cdots < u_n = b,$$
$$c = v_0 < v_1 < v_2 < \cdots < v_m = d$$
を考える．この分割の (i,j) 番目の小長方形集合 $[u_{i-1}, u_i] \times [v_{j-1}, v_j]$ の 4 つの頂点 (u_{i-1}, v_{j-i})，(u_i, v_{j-1})，(u_{i-1}, v_j)，(u_i, v_j) の写像 $(x, y, z) = (f(u,v), g(u,v), h(u,v))$ により写る空間の点をそれぞれ記号 $\mathrm{P}_{ij}, \mathrm{Q}_{ij}, \mathrm{R}_{ij}, \mathrm{S}_{ij}$ とおき，$\mathrm{P}_{ij}, \mathrm{Q}_{ij}, \mathrm{R}_{ij}$ を頂点とする三角形を記号 E_{ij} で，$\mathrm{S}_{ij}, \mathrm{R}_{ij}, \mathrm{Q}_{ij}$ を頂点とする三角形を記号 F_{ij} で表すことにする．これらの三角形の面積の総和を $S(\Delta)$ とおくと，
$$S(\Delta) = \sum_{i=1}^{n} \sum_{j=1}^{m} \{(\mathrm{E}_{ij}\text{の面積}) + (\mathrm{F}_{ij}\text{の面積})\}$$
である．分割 Δ を細かくしていったとき，$S(\Delta)$ が極限値を持つならば，曲面 S は**面積確定**であるといい，極限値を曲面 S の**曲面積**という．

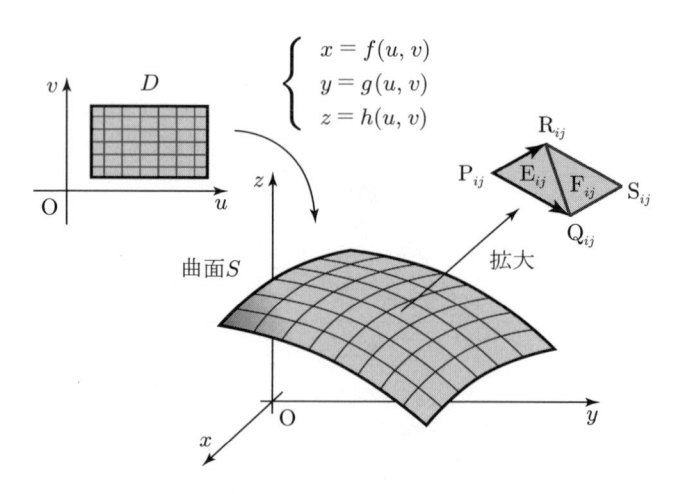

図 8.9 曲面積の定義

8.4. 曲面とその曲面積

定理 8.8. (u,v) 平面の長方形集合 $D = \{ (u,v) \mid a \leqq u \leqq b,\ c \leqq y \leqq d \}$ で定義された 3 つの関数 $x = f(u,v),\ y = g(u,v),\ z = h(u,v)$ が C^1 級であるとき,曲面 $S : x = f(u,v),\ y = g(u,v),\ z = h(u,v)$ $((u,v) \in D)$ は面積確定であり,曲面積は次のようになる.

$$\iint_D \sqrt{(\frac{\partial(y,z)}{\partial(u,v)})^2 + (\frac{\partial(z,x)}{\partial(u,v)})^2 + (\frac{\partial(x,y)}{\partial(u,v)})^2}\, dudv$$

この定理の証明は電子ファイルにおいて示す.

例題 8.6. 原点 O を中心とする半径 $a > 0$ の球面は $S : x = a\sin\phi\cos\theta,\ y = a\sin\phi\sin\theta,\ z = a\cos\phi$ $(0 \leqq \phi \leqq 2\pi,\ 0 \leqq \theta \leqq \pi)$ と表せる.この球面の曲面積を求めよ.

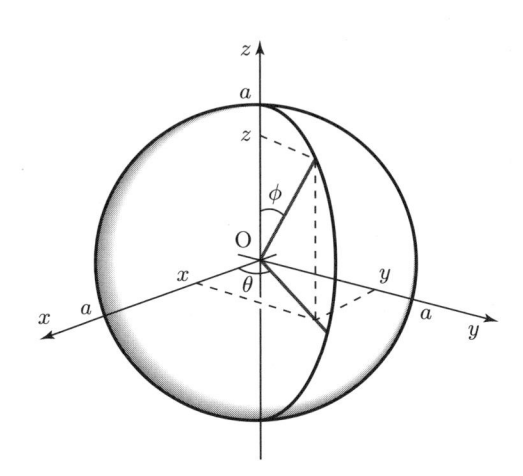

図 **8.10** 半径 a の球面

【解答】 $(\frac{\partial(y,z)}{\partial(\theta,\phi)})^2 + (\frac{\partial(z,x)}{\partial(\theta,\phi)})^2 + (\frac{\partial(x,y)}{\partial(\theta,\phi)})^2$

$= \begin{vmatrix} \frac{\partial y}{\partial \theta} & \frac{\partial y}{\partial \phi} \\ \frac{\partial z}{\partial \theta} & \frac{\partial z}{\partial \phi} \end{vmatrix}^2 + \begin{vmatrix} \frac{\partial z}{\partial \theta} & \frac{\partial z}{\partial \phi} \\ \frac{\partial x}{\partial \theta} & \frac{\partial x}{\partial \phi} \end{vmatrix}^2 + \begin{vmatrix} \frac{\partial x}{\partial \theta} & \frac{\partial x}{\partial \phi} \\ \frac{\partial y}{\partial \theta} & \frac{\partial y}{\partial \phi} \end{vmatrix}^2$

$= \begin{vmatrix} a\cos\phi\sin\theta & a\sin\phi\cos\theta \\ -a\sin\phi & 0 \end{vmatrix}^2 + \begin{vmatrix} -a\sin\phi & 0 \\ a\cos\phi\cos\theta & -a\sin\phi\sin\theta \end{vmatrix}^2$

$$+ \begin{vmatrix} a\cos\phi\cos\theta & -a\sin\phi\sin\theta \\ a\cos\phi\sin\theta & a\sin\phi\cos\theta \end{vmatrix}^2$$

$$= (a^2\sin^2\phi\cos\theta)^2 + (a^2\sin^2\phi\sin\theta)^2$$
$$+ (a^2\cos\phi\sin\phi\cos^2\theta + a^2\sin\phi\cos\phi\sin^2\theta)^2$$
$$= a^4\sin^4\phi + a^4\sin^2\phi\cos^2\phi = a^4\sin^2\phi$$

だから，定理 8.8 より，曲面積は

$$\int_0^\pi \{\int_0^{2\pi} a^2|\sin\phi|d\theta\}d\phi = \int_0^\pi 2\pi a^2 \sin\phi\, d\phi = 2\pi a^2\left[-\cos\phi\right]_0^\pi = 4\pi a^2$$

となり，半径 a の球面の曲面積が $4\pi a^2$ であることが導けた． ■

(x, y) 平面の集合 D 上の C^1 級関数 $z = f(x, y)$ のグラフは曲面

$$S : x = u,\ y = v,\ z = f(u, v)\ ((u, v) \in D)$$

であり，その曲面積は

$$\iint_D \sqrt{1 + (\frac{\partial z}{\partial x})^2 + (\frac{\partial z}{\partial y})^2}\, dxdy$$

である．なぜなら，

$$(\tfrac{\partial(y,z)}{\partial(u,v)})^2 + (\tfrac{\partial(z,x)}{\partial(u,v)})^2 + (\tfrac{\partial(x,y)}{\partial(u,v)})^2$$

$$= \begin{vmatrix} \frac{\partial y}{\partial u} & \frac{\partial y}{\partial v} \\ \frac{\partial z}{\partial u} & \frac{\partial z}{\partial v} \end{vmatrix}^2 + \begin{vmatrix} \frac{\partial z}{\partial u} & \frac{\partial z}{\partial v} \\ \frac{\partial x}{\partial u} & \frac{\partial x}{\partial v} \end{vmatrix}^2 + \begin{vmatrix} \frac{\partial x}{\partial u} & \frac{\partial x}{\partial v} \\ \frac{\partial y}{\partial u} & \frac{\partial y}{\partial v} \end{vmatrix}^2$$

$$= \begin{vmatrix} 0 & 1 \\ f_u(u,v) & f_v(u,v) \end{vmatrix}^2 + \begin{vmatrix} f_u(u,v) & f_v(u,v) \\ 1 & 0 \end{vmatrix}^2 + \begin{vmatrix} 1 & 0 \\ 0 & 1 \end{vmatrix}^2$$

$$= f_u(u,v)^2 + f_v(u,v)^2 + 1$$

だから，定理 8.8 より，曲面積は

$$\iint_D \sqrt{1 + f_u(u,v)^2 + f_v(u,v)^2}\, dudv = \iint_D \sqrt{1 + (\frac{\partial z}{\partial x})^2 + (\frac{\partial z}{\partial y})^2}\, dxdy$$

8.4. 曲面とその曲面積

例題 8.7. $a > 0$ とするとき，関数 $f(x,y) = \sqrt{a^2 - x^2 - y^2}$ $(x^2 + y^2 \leqq a^2)$ のグラフは原点 O を中心とする半径 a の球面の上半分である．この曲面積を求めよ．

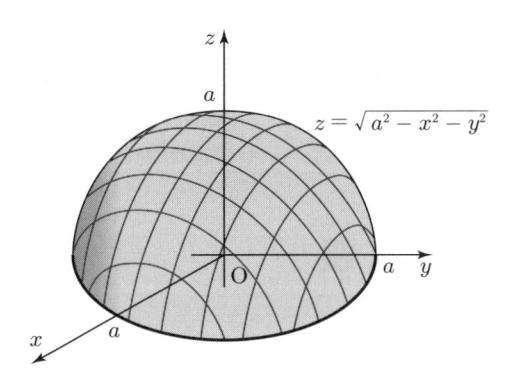

図 **8.11** 上半球面

【解答】
$$1 + f_x(x,y)^2 + f_y(x,y)^2 = 1 + \left(\frac{-x}{\sqrt{a^2-x^2-y^2}}\right)^2 + \left(\frac{-y}{\sqrt{a^2-x^2-y^2}}\right)^2$$
$$= \frac{a^2}{a^2-x^2-y^2}$$

だから，表面積は

$$\iint_{\{x^2+y^2 \leqq a^2\}} \frac{a}{\sqrt{a^2-x^2-y^2}} \, dxdy$$

となる．極座標変換 $x = r\cos\theta$, $y = r\sin\theta$ により，(r, θ) 平面の長方形集合 $[0, a] \times [0, 2\pi]$ が集合 $\{(x, y) \mid x^2 + y^2 \leqq a^2\}$ に 1 対 1 に写り，ヤコビアンは $\frac{\partial(x,y)}{\partial(r,\theta)} = r$ （例題 8.3）だから，この 2 重積分の値は

$$\iint_{[0,a] \times [0,2\pi]} \frac{a}{\sqrt{a^2-r^2}} \times r \, drd\theta = 2\pi a \times \int_0^a r(a^2-r^2)^{-\frac{1}{2}} \, dr$$
$$= 2\pi a \times \left[-(a^2-r^2)^{\frac{1}{2}}\right]_0^a = 2\pi a \times a = 2\pi a^2$$

半径 a の半球面の曲面積が $2\pi a^2$ であることが導けた． ■

問題 8.3. $f(x,y) = \sqrt{a^2 - x^2}$ $(x^2 + y^2 \leqq a^2)$ の曲面積を求めよ．

8.5 n 重 積 分

n 変数関数 $f(x_1, x_2, \cdots, x_n)$ の n 重積分

$$\iint \cdots \int_D f(x_1, x_2, \cdots, x_n) dx_1 dx_2 \cdots dx_n$$

も 2 重積分と同じように考えることができる．n 重積分の値も累次積分によって求め，n 重積分の置換積分の公式も，n 次の行列式で定まるヤコビアンを用いて表せる．n 重積分は，たとえば，n 個の確率変数の同時確率密度関数の計算などに応用される．

8.6 8 章 章 末 問 題

問題 8.4. 楕円集合 $D = \{\,(x,y) \mid \frac{x^2}{a^2} + \frac{y^2}{b^2} \leqq 1\,\}$ について，2 重積分 $\iint_D 1\,dxdy$ を，$x = ar\cos\theta$, $y = br\sin\theta$ と変数変換することによって求めよ．

問題 8.5. 円柱面 $x^2 + y^2 = ax$ と球面 $x^2 + y^2 + z^2 = a^2$ とで囲まれる図形の体積 V を求めよ．ただし，$a > 0$ とする．

問題 8.6. 円柱面 $x^2 + y^2 = ax$ の内部にある球面 $x^2 + y^2 + z^2 = a^2$ の曲面積 S を求めよ．ただし，$a > 0$ とする．

問題 8.7. (x,y) 平面上の C^1 級の曲線 $y = f(x)$ $(a \leqq x \leqq b)$ が $f(x) \geqq 0$ $(a \leqq x \leqq b)$ をみたすとき，この曲線を x 軸のまわりに回転してできる回転体について，
(1) 回転面体を表す方程式を求めよ．
(2) 回転体の体積 V を求める公式を求めよ．
(3) 回転面の曲面積 S を求める公式を求めよ．

問題 8.8. (x,y) 平面上の曲線 $y = \sin x$ $(0 \leqq x \leqq \pi)$ を x 軸のまわりに回転してできる回転体について，
(1) 回転面体を表す方程式を求めよ．
(2) 回転体の体積 V を求めよ．
(3) 回転面の曲面積 S を求めよ．

問題 8.9. (1) $D_M = \{\,(x,y) \mid x^2 + y^2 \leqq M^2\,\}$ とするとき，2 重積分 $\iint_{D_M} e^{-x^2-y^2} dxdy$ を求めよ．
(2) $E_M = \{\,(x,y) \mid -M \leqq x \leqq M, -M \leqq y \leqq M\,\}$ とするとき，

$$\iint_{D_M} e^{-x^2-y^2} dxdy < \iint_{E_M} e^{-x^2-y^2} dxdy < \iint_{D_{\sqrt{2}M}} e^{-x^2-y^2} dxdy$$

を用いて，$\displaystyle \lim_{M \to \infty} \iint_{E_M} e^{-x^2-y^2} dxdy$ を求めよ．

(3)
$$\iint_{E_M} e^{-x^2-y^2} dxdy = \int_{-M}^{M} e^{-x^2} \left(\int_{-M}^{M} e^{-y^2} dy\right) dx = \left(\int_{-M}^{M} e^{-x^2} dx\right)^2$$
を用いて, $\int_{-\infty}^{\infty} e^{-x^2} dx = \lim_{M \to \infty} \int_{-M}^{M} e^{-x^2} dx$ を求めよ.

以下の問題については略解のみを電子ファイルに示す.

問題 8.10. 次の2重積分の値を求めよ.
$$\iint_D \sin(x-y)\sin(x+y)dxdy, \quad D = \{\,(x,y) \mid 0 \leqq x+y \leqq \pi,\ 0 \leqq x-y \leqq \pi\,\}$$

問題 8.11. 楕円体 $\frac{x^2}{a^2} + \frac{y^2}{b^2} + \frac{z^2}{c^2} \leqq 1 \quad (a,b,c > 0)$ の体積
$$2\iint_D c\sqrt{1 - \frac{x^2}{a^2} - \frac{y^2}{b^2}}\,dxdy, \quad D = \left\{\,(x,y) \mid \frac{x^2}{a^2} + \frac{y^2}{b^2} \leqq 1\,\right\}$$
を求めよ.

問題 8.12. 曲面 $z = 1 - \sqrt{x^2+y^2}$ と平面 $z = 0$ で囲まれる図形の体積を求めよ.

問題 8.13. 曲面 $z = 1 - \sqrt{x^2+y^2}$ の $z \geqq 0$ 部分の曲面積を求めよ.

第 9 章

関数の極限値と数列の極限値

9.1 $\epsilon > 0$ に対して $\delta > 0$ を求める

ギリシャ文字の ϵ(イプシロン) と δ(デルタ) を記号として用いる．他の記号を用いても構わないのであるが，慣例に従う．

例題 9.1. ϵ を正数とするとき，

$$|x-1| < \delta \text{ をみたす } x \text{ について，} |x^2 - 1| < \epsilon \text{ がなりたつ．}$$

ような正数 δ を求めよ．

【解答】 結論からいえば，$\delta = \frac{\epsilon}{3} \wedge 1$ とおけばよい．ここで，記号 $\wedge$ は小さいほうの数を意味する．$\frac{\epsilon}{3}$ と 1 はどちらも正数だから，それらの小さいほうである δ は正数である．このようにとった δ に対して，
$|x-1| < \delta$ をみたす x について，

$$|x^2 - 1| = |x-1||x+1| = |x-1||x-1+2| \leqq |x-1|(|x-1|+2)$$
$$< \delta(\delta + 2) \leqq \frac{\epsilon}{3}(1+2) = \epsilon$$

となる．$\delta > 0$ のとり方を最初に与えたが，後の不等式の計算をして，それが $\epsilon > 0$ で抑えることができるように $\delta > 0$ を決めたのである．$\delta > 0$ のとり方はこのほかに，いろいろあるが，このような $\delta > 0$ がとれるのは，x が 1 に近いとき，x^2 も 1 に近くなる，すなわち，$|x-1|$ が 0 に近いとき，$|x^2-1|$ も 0 に近くなるからである．

上においては，0 に近い $|x-1|$ を 1 より小さくすることで，2 に近い $|x+1|$ を 3 より小さくし，さらに，$|x-1|$ を $\frac{\epsilon}{3}$ よりも小さくすることにより，目的を果した．どうすれば目的の $\delta > 0$ をみつけることができるか考えるわけである．■

なお，絶対値についての不等式 $|a+b| \leqq |a| + |b|$ を用いた．

例題 9.2. ϵ を正数とするとき，次をみたす正数 δ を求めよ．

$$|x-1| < \delta \text{ をみたす } x \text{ について，} \left|\frac{1}{x} - 1\right| < \epsilon \text{ がなりたつ．}$$

【解答】 $\delta = 2\epsilon \wedge \frac{1}{2}$ とおくと，$\delta > 0$ である．$|x-1| < \delta$ をみたす x について，

9.2. 関数の極限値の ϵ-δ 論法による定義

$$|\frac{1}{x}-1| = \frac{|1-x|}{|x|} = \frac{|x-1|}{|1+x-1|}$$
$$\leqq \frac{|x-1|}{1-|x-1|} < \frac{\delta}{1-\delta}$$
$$\leqq \frac{\frac{\epsilon}{2}}{1-\frac{1}{2}} = \epsilon$$

となる．このような $\delta > 0$ がとれるのは，x が 1 に近いとき，$\frac{1}{x}$ も 1 に近くなる，すなわち，$|x-1|$ が 0 に近いとき，$|\frac{1}{x}-1|$ も 0 に近くなるからである．具体的には，分母の $|x|$ は 1 に近いのであるが，分母を大きくしないと上から押さえることができないので，分母の $|x|$ を $\frac{1}{2}$ より大きくするために，δ を $\frac{1}{2}$ より小さくしたのである．このように $\delta > 0$ は目的を果たすことができるように調整して決める．■

なお，絶対値についての不等式 $|a+b| \geqq |a| - |b|$ を用いた．この不等式は $|a| = |a+b-b| \leqq |a+b| + |-b|$ を移項することにより導くことができる．

例題 9.3. ϵ を正数とするとき，次をみたす正数 δ を求めよ．

$|x-1| < \delta$ をみたす x について，$|\sqrt{x}-1| < \epsilon$ がなりたつ．

【解答】 $\delta = \epsilon$ とおくと，$\delta > 0$ である．
$|x-1| < \delta$ をみたす x について，

$$|\sqrt{x}-1| = \frac{|\sqrt{x}-1||\sqrt{x}+1|}{|\sqrt{x}+1|} = \frac{|x-1|}{\sqrt{x}+1}$$
$$< \frac{\delta}{0+1} = \epsilon$$

となる．$\epsilon > 0$ より小さくするにはどうすればよいかを考えて $\delta > 0$ を決める．■

次も $\epsilon > 0$ より小さくなるような $\delta > 0$ を決める問題であるが，それに当たっては $\delta > 0$ を決めることができる理由があるので，その理由を考えて工夫すればよい．

問題 9.1. $\epsilon > 0$ とするとき，次をみたす $\delta > 0$ を求めよ．

(1) $|x-1| < \delta$ をみたす x について，$|\sqrt{x+3}-2| < \epsilon$ がなりたつ．
(2) $|x+1| < \delta$ をみたす x について，$|x^2-1| < \epsilon$ がなりたつ．
(3) $|x+2| < \delta$ をみたす x について，$|\frac{1}{x}+\frac{1}{2}| < \epsilon$ がなりたつ．

9.2 関数の極限値の ϵ-δ 論法による定義

$\lim_{x \to a} f(x) = A$，すなわち，x が限りなく a に近づくとき，$f(x)$ は A に近づくということを ϵ-δ 論法と呼ばれる方法で定義すると次のようになる．

$\epsilon > 0$ に対して，

$0 < |x - a| < \delta$ をみたす x について,$|f(x) - A| < \epsilon$ がなりたつような $\delta > 0$ が存在する.

なぜこのような定義をするのかについては,馴染むことによって,また,さらに,極限についての複雑な議論をする中でその必要性が理解できるようになるであろう.一言でいえば,極限について雑な取り扱いをすることで,誤った議論に陥った数学の歴史を通して確立してきた論法なのである.

例題 9.4. $\lim_{x \to 2} x^2 = 4$ がなりたつことを ϵ-δ 論法で示せ.

【解答】 $\epsilon > 0$ として,$\delta = \frac{\epsilon}{5} \wedge 1$ とおくと,$\delta > 0$ である.$0 < |x - 2| < \delta$ をみたす x について,

$$|x^2 - 4| = |x - 2||x + 2| = |x - 2||(x - 2) + 4| \leqq |x - 2|(|x - 2| + 4)$$
$$< \delta(\delta + 4) \leqq \frac{\epsilon}{5}(1 + 4) = \epsilon$$

となる.したがって,$\lim_{x \to 2} x^2 = 4$ がいえた. ■

例題 9.5. $\lim_{x \to 1} \frac{x^2 - 1}{x - 1} = 2$ がなりたつことを ϵ-δ 論法で示せ.

【解答】 $\epsilon > 0$ として,$\delta = \epsilon$ とおくと,$\delta > 0$ である.$0 < |x - 1| < \delta$ をみたす x について,

$$\left|\frac{x^2 - 1}{x - 1} - 2\right| = \left|\frac{(x - 1)(x + 1)}{x - 1} - 2\right| = |(x + 1) - 2| = |x - 1| < \delta = \epsilon$$

となる.したがって,$\lim_{x \to 2} \frac{x^2 - 1}{x - 1} = 2$ がいえた. ■

注. $0 < |x - 1| < \delta$ とすることによって,$x \neq 1$ としている.考えている関数 $\frac{x^2 - 1}{x - 1}$ は $x = 1$ では定義されていない.

例題 9.6. a を実数とするとき,$\lim_{x \to a} \frac{x^3 - a^3}{x - a} = 3a^2$ がなりたつことを ϵ-δ 論法で示せ.

【解答】 $\epsilon > 0$ として,$\delta = \frac{\epsilon}{1 + 3|a|} \wedge 1$ とおくと,$\delta > 0$ である.$0 < |x - a| < \delta$ をみたす x について,

$$\left|\frac{x^3 - a^3}{x - a} - 3a^2\right| = \left|\frac{(x - a)(x^2 + ax + a^2)}{x - a} - 3a^2\right| = |x^2 + ax + a^2 - 3a^2|$$
$$= |x^2 + ax - 2a^2| = |x - a||x + 2a|$$
$$= |x - a||x - a + 3a| \leqq |x - a|(|x - a| + 3|a|)$$
$$< \delta(\delta + 3|a|) \leqq \frac{\epsilon}{1 + 3|a|}(1 + 3|a|) = \epsilon$$

となる.したがって,$\lim_{x \to 2} \frac{x^3 - a^3}{x - a} = 3a^2$ がいえた. ■

問題 9.2. 次がなりたつことを ϵ-δ 論法で示せ.
(1) $\lim_{x \to 4} \sqrt{x} = 2$ (2) $\lim_{x \to 1} \frac{2}{x + 1} = 1$ (3) $\lim_{x \to a} x^2 = a^2$

9.3 関数の極限値についての性質

関数の極限値については次の性質がある．

定理 9.1. $\lim_{x \to a} f(x) = A$ と $\lim_{x \to a} g(x) = B$ がなりたっているとき，次がなりたつ．
(1) $\lim_{x \to a}(f(x) + g(x)) = A + B$
(2) $\lim_{x \to a} cf(x) = cA$ (c は定数)
(3) $\lim_{x \to a} f(x)g(x) = AB$
(4) $\lim_{x \to a} \dfrac{g(x)}{f(x)} = \dfrac{B}{A}$ ($A \neq 0$ のとき)

この定理の (1),(2) より，同じ条件のもとで，$\lim_{x \to a}(f(x) - g(x)) = A - B$ がなりたつ．この定理の証明は電子ファイルにおいて示す．

問題 9.3. $\lim_{x \to a} f(x) = A \neq 0$ がなりたつとき，$\lim_{x \to a} \dfrac{1}{f(x)} = \dfrac{1}{A}$ がなりたつことを，ϵ-δ 論法で証明せよ．

9.4　$\epsilon > 0$ に対して自然数 N を求める

正数 x に対して，x を超えない最小の整数を記号 $[x]$ で表す．$[x]$ を**ガウス記号**という．たとえば，$[2.3] = 2$, $[1.9] = 1$, $[9] = 9$ である．
したがって，$x - 1 < [x] \leqq x$ がなりたつ．

例題 9.7. $\epsilon > 0$ とするとき，次をみたす自然数 N を求めよ．
$$n \geqq N \text{ をみたす } n \text{ について}, \frac{1}{n} < \epsilon \text{ がなりたつ}.$$

【解答】 $N = [\frac{1}{\epsilon}] + 1$ とおくと，N は自然数であり，$n \geqq N$ ならば，$n > \frac{1}{\epsilon}$ だから，$\frac{1}{n} < \frac{1}{\frac{1}{\epsilon}} = \epsilon$ がなりたつ． ∎

例題 9.8. $\epsilon > 0$ とするとき，次をみたす自然数 N を求めよ．
$$n \geqq N \text{ をみたす } n \text{ について}, \frac{1}{n^2} < \epsilon \text{ がなりたつ}.$$

【解答】 $N = [\frac{1}{\sqrt{\epsilon}}] + 1$ とおくと，N は自然数であり，$n \geqq N$ ならば，$n > \frac{1}{\sqrt{\epsilon}}$ だから，$\frac{1}{n^2} < \frac{1}{(\frac{1}{\sqrt{\epsilon}})^2} = \epsilon$ がなりたつ． ∎

例題 9.9. $\epsilon > 0$ とするとき，次をみたす自然数 N を求めよ．
$$n \geqq N \text{ をみたす } n \text{ について}, \frac{n+1}{n^2 - n + 1} < \epsilon \text{ がなりたつ}.$$

【解答】 $N = [\frac{1}{\epsilon}] + 2$ とおくと, N は自然数であり, $n \geqq N$ ならば, $n > \frac{2}{\epsilon} + 1$ と $\frac{1}{n} < 1$ がなりたつから,

$$\frac{n+1}{n^2 - n + 1} = \frac{1 + \frac{1}{n}}{n - \frac{1}{n} + \frac{1}{n^2}} < \frac{1+1}{n-1+0} < \frac{2}{\frac{2}{\epsilon}} = \epsilon$$

がなりたつ. ■

問題 9.4. $\epsilon > 0$ とするとき, 次をみたす自然数 N を求めよ.
(1) $n \geqq N$ ならば, $|\frac{n^2-1}{n^2+1} - 1| < \epsilon$
(2) $n \geqq N$ ならば, $\frac{1}{n-2} < \epsilon$
(3) $n \geqq N$ ならば, $|\frac{2n^2+n}{n^2-1} - 2| < \epsilon$

9.5 数列の極限値の ϵ-N 論法による定義

$\lim_{n \to \infty} a_n = a$, すなわち, n が限りなく大きくなるとき, a_n が a に近づくとは, $\epsilon > 0$ に対して, 次をみたす自然数 N が存在することである.

$$n \geqq N \text{ ならば}, |a_n - a| < \epsilon \text{ がなりたつ}.$$

これを **ϵ-N 論法**による数列の極限の定義という.

例題 9.10. $\lim_{n \to \infty} \frac{2n-1}{n+1} = 2$ がなりたつことを ϵ-N 論法で示せ.

【解答】 $\epsilon > 0$ とする. $N = [\frac{3}{\epsilon}]$ とおけば, N は自然数である. $n \geqq N$ をみたす n について, $n > \frac{3}{\epsilon} - 1$ だから,

$$|\frac{2n-1}{n+1} - 2| = |\frac{2n-1-2(n+1)}{n+1}| = \frac{3}{n+1} < \frac{3}{\frac{3}{\epsilon}} = \epsilon$$

がなりたつ. したがって, $\lim_{n \to \infty} \frac{2n-1}{n+1} = 2$ が示せた. ■

例題 9.11. $\lim_{n \to \infty} \frac{\sqrt{n}+1}{\sqrt{n}-1} = 1$ がなりたつことを ϵ-N 論法で示せ.

【解答】 $\epsilon > 0$ とする. $N = [(\frac{2}{\epsilon}+1)^2] + 1$ とおけば, N は自然数である. $n \geqq N$ をみたす n について, $n \geqq (\frac{2}{\epsilon}+1)^2$ だから,

$$|\frac{\sqrt{n}+1}{\sqrt{n}-1} - 1| = |\frac{\sqrt{n}+1-(\sqrt{n}-1)}{\sqrt{n}-1}| = \frac{2}{\sqrt{n}-1} < \frac{2}{\sqrt{(\frac{2}{\epsilon}+1)^2 - 1}} = \frac{2}{\frac{2}{\epsilon}} = \epsilon$$

がなりたつ. したがって, $\lim_{n \to \infty} \frac{\sqrt{n}+1}{\sqrt{n}-1} = 1$ が示せた. ■

問題 9.5. 次がなりたつことを ϵ-N 論法で示せ.
(1) $\lim_{n \to \infty} \frac{2n^2-1}{n^2+1} = 2$ (2) $\lim_{n \to \infty} \frac{\sqrt{n}+2}{\sqrt{n}+1} = 1$ (3) $\lim_{n \to \infty} \frac{3n+1}{n-2} = 3$

9.6 数列の極限値についての性質

数列の極限については，次の性質がある．

定理 9.2. $\lim_{n\to\infty} a_n = a$ と $\lim_{n\to\infty} b_n = b$ がなりたつとき，次がなりたつ．

(1) $\lim_{n\to\infty}(a_n + b_n) = a + b$
(2) $\lim_{n\to\infty} ca_n = ca$
(3) $\lim_{n\to\infty} a_n b_n = ab$
(4) $a \neq 0$ のとき，$\lim_{n\to\infty} \frac{b_n}{a_n} = \frac{b}{a}$

この定理の証明は電子ファイルにおいて示す．

問題 9.6. $\lim_{n\to\infty} a_n = a$ と $\lim_{n\to\infty} b_n = b$ がなりたつとき，$\lim_{n\to\infty}(a_n + b_n) = a + b$ がなりたつことを ϵ-N 論法で示せ．

例題 9.12. $\lim_{n\to\infty} a_n = a$ がなりたつとき，$\lim_{n\to\infty} \frac{a_1 + a_2 + a_3 + \cdots + a_n}{n} = a$ がなりたつことを示せ．

【解答】 $\epsilon > 0$ とする．$\frac{\epsilon}{2} > 0$ であり，$\lim_{n\to\infty} a_n = a$ だから，

$$n \geq N_1 \text{をみたす} n \text{について，} |a_n - a| < \frac{\epsilon}{2}$$

をみたす自然数 N_1 が存在する．

$$\lim_{n\to\infty} \frac{(a_1 - a) + (a_2 - a) + (a_3 - a) + \cdots + (a_{N_1} - a)}{n} = 0$$

だから，$n \geq N$ をみたす n について，

$$\left|\frac{(a_1 - a) + (a_2 - a) + (a_3 - a) + \cdots + (a_{N_1} - a)}{n}\right| < \frac{\epsilon}{2}$$

をみたす N_1 よりも大きな自然数 N が存在する．$n \geq N$ をみたす n について，

$$\left|\frac{a_1 + a_2 + a_3 + \cdots + a_n}{n} - a\right| = \left|\frac{(a_1 - a) + (a_2 - a) + (a_3 - a) + \cdots + (a_n - a)}{n}\right|$$
$$\leq \frac{|(a_1 - a) + (a_2 - a) + (a_3 - a) + \cdots + (a_{N_1} - a)|}{n}$$
$$+ \frac{|a_{N_1+1} - a| + |a_{N_1+2} - a| + \cdots + |a_n - a|}{n}$$
$$\leq \frac{\epsilon}{2} + \frac{\frac{\epsilon}{2} + \frac{\epsilon}{2} + \cdots + \frac{\epsilon}{2}}{n}$$
$$\leq \frac{\epsilon}{2} + \frac{n - N_1}{n} \times \frac{\epsilon}{2} < \frac{\epsilon}{2} + \frac{\epsilon}{2} = \epsilon$$

がなりたつ．したがって，$\lim_{n\to\infty} \frac{a_1+a_2+a_3+\cdots+a_n}{n} = a$ がなりたつ． ∎

例題 9.12 の命題が正しいことを，ϵ-δ 論法を用いて示したが，命題が正しいことの説得力のある説明を ϵ-δ 論法によらずに与えることは困難である．次の定理は数列の極限値を議論するとき度々用いられる．

定理 9.3. (1) 数列 a_n, $n = 1, 2, 3, \cdots$ が $a_n \geqq b$, $n = 1, 2, 3, \cdots$, および，$\lim_{n\to\infty} a_n = a$ をみたすならば，$a \geqq b$ がなりたつ．
(2) 2つの数列 a_n, $n = 1, 2, 3, \cdots$ と b_n, $n = 1, 2, 3, \cdots$ が $a_n \geqq b_n$, $n = 1, 2, 3, \cdots$, および，$\lim_{n\to\infty} a_n = a$ と $\lim_{n\to\infty} b_n = b$ をみたすならば，$a \geqq b$ がなりたつ．

この定理の証明は電子ファイルにおいて示す．

9.7 関数の極限値と数列の極限値の関係

関数の極限値と数列の極限については，次の関係がなりたつ．この関係は極限の議論においてたびたび用いられる．

定理 9.4. $\lim_{x\to a} f(x) = A$ がなりたつための必要十分条件は $\lim_{n\to\infty} a_n = a$, $a_n \neq a$ $(n = 1, 2, 3, \cdots)$ をみたす数列 a_n について，
$$\lim_{n\to\infty} f(a_n) = A$$
がなりたつことである．

この定理の証明は電子ファイルにおいて示す．

9.8 2変数関数の極限値

2変数関数 $z = f(x, y)$ は座標平面上の点，すなわち，2つの数の組 (x, y) に対して数 $z = f(x, y)$ が対応する対応関係である．座標平面上の点 (x, y) が点 (a, b) に近づくとは，これら2点間の距離 $\sqrt{(x-a)^2 + (y-b)^2}$ が0に近づくことである．また，座標平面上の点列 (a_n, b_n), $n = 1, 2, 3, \cdots$ が点 (a_0, b_0) に近づく，すなわち，$\lim_{n\to\infty}(a_n, b_n) = (a_0, b_0)$ とは，$\lim_{n\to\infty} \sqrt{(a_n - a_0)^2 + (b_n - b_0)^2} = 0$ がなりたつことである．

したがって，$\lim_{(x,y)\to(a,b)} f(x, y) = A$ の ϵ-δ 論法による定義は，$\epsilon > 0$ に対して，$0 < \sqrt{(x-a)^2 + (y-b)^2} < \delta$ をみたす (x, y) について，
$$|f(x, y) - A| < \epsilon$$
がなりたつような正数 δ が存在することである．

例題 9.13. $\lim_{(x,y)\to(a,b)} xy = ab$ がなりたつことを ϵ-δ 論法で示せ．

9.8. 2変数関数の極限値

【解答】 $\epsilon > 0$ に対して, $\delta = \frac{\epsilon}{1+|a|+|b|} \wedge 1$ とおくと, $0 < \sqrt{(x-a)^2 + (y-b)^2} < \delta$ をみたす (x,y) について, $|x-a| < \delta$, $|y-b| < \delta$ がなりたつから,

$$|xy - ab| = |xy - ay + ay - ab| \leqq |x-a||y| + |a||y-b|$$
$$= |x-a||y-b+b| + |a||y-b|$$
$$\leqq |x-a|(|y-b| + |b|) + |a||y-b|$$
$$\leqq \delta(\delta + |b|) + |a|\delta$$
$$\leqq \delta(1 + |a| + |b|) \leqq \epsilon$$

すなわち, $\lim_{(x,y) \to (a,b)} xy = ab$ がなりたつ. ∎

定理 9.4 と同様の次の定理がなりたつ.

定理 9.5. $\lim_{(x,y) \to (a_0,b_0)} f(x,y) = A$ がなりたつための必要十分条件は $\lim_{n \to \infty}(a_n, b_n) = (a_0, b_0)$, $(a_n, b_n) \neq (a_0, b_0)$ $(n = 1, 2, 3, \cdots)$ をみたす点列 (a_n, b_n) について,

$$\lim_{n \to \infty} f(a_n, b_n) = A$$

がなりたつことである.

この定理の証明は電子ファイルにおいて示す.

第10章
実数の連続性の公理と連続関数の性質

10.1 実数の連続性の公理

第1章で学んだ上界,下界,上限,下限の定義を再述する.

実数の集合 A に対して,実数 b が A の上界であるとは,A に属するすべての数 x に対して,$x \leqq b$ がなりたつことである.実数の集合 A に対して,実数 c が A の下界であるとは,A に属するすべての数 x に対して,$x \geqq c$ がなりたつことである.実数の集合 A の上界全体の集合を記号 $A^\sim$ で,下界全体の集合を記号 $A_\sim$ で表すことにする.実数の集合 A が上に有界であるとは,A の上界全体の集合 $A^\sim$ が空集合でないこと,つまり,上界が存在することである.実数の集合 A が下に有界であるとは,A の下界全体の集合 $A_\sim$ が空集合でないこと,つまり,下界が存在することである.実数の集合 A が有界であるとは,A が上にも下にも有界であることである.上に有界な集合 A の上界全体の集合 $A^\sim$ の最小値を集合 A の上限といい,記号 $\sup A$ で表す.下に有界な集合 A の下界全体の集合 $A_\sim$ の最大値を集合 A の下限といい,記号 $\inf A$ で表す.実数を取り扱うときは第1章で学んだ次の「実数の連続性の公理」を前提として議論を展開する.

実数の連続性の公理 上に有界な集合 A は上限 $\sup A$ が,つまり,上界全体の集合 $A^\sim$ の最小値が存在する.

実数の連続性の公理は次と同値である.
下に有界な集合 A は下限 $\inf A$ が,つまり,下界全体の集合 $A_\sim$ の最大値が存在する.

なぜなら,A を下に有界な集合とするとき,集合 $\{-x \mid x \in A\}$ を記号 $-A$ で表せば,集合 $-A$ は上に有界であり,$A_\sim = -(-A)^\sim$ がなりたち,$(-A)^\sim$ の最小値の -1 倍が,$A_\sim$ の最大値になっている.また,逆もなりたつからである.

実数の無限列を取り扱う.実数列 $a_1, a_2, a_3, \cdots$ が**単調増加**であるとは,$a_1 < a_2 < a_3 < \cdots < a_n < a_{n+1} < \cdots$ をみたすことである.実数列 $a_1, a_2, a_3, \cdots$ が**単調非減少**であるとは,$a_1 \leqq a_2 \leqq a_3 \leqq \cdots \leqq a_n \leqq a_{n+1} \leqq \cdots$ をみたすことである.実数列 $a_1, a_2, a_3, \cdots$ が**単調減少**であるとは,$a_1 > a_2 > a_3 > \cdots > a_n > a_{n+1} > \cdots$ を

みたすことである．実数列 $a_1, a_2, a_3, \cdots$ が**単調非増加**であるとは，$a_1 \geqq a_2 \geqq a_3 \geqq \cdots \geqq a_n \geqq a_{n+1} \geqq \cdots$ をみたすことである．なお，単調増加を**狭義単調増加**と，単調減少を**狭義単調減少**ということもある．実数列 $a_1, a_2, a_3, \cdots$ が**上に有界**であるとは，$a_n < K$ がすべての n についてなりたつような数 K が存在することである．実数列 $a_1, a_2, a_3, \cdots$ が**下に有界**であるとは，$a_n > K$ がすべての n についてなりたつような数 K が存在することである．

定理 10.1. 実数の連続性の公理と次の 2 つ命題はそれぞれ同値である．

上に有界な単調非減少数列は極限値が存在する．

下に有界な単調非増加数列は極限値が存在する．

定理 10.1 の 2 つの命題が同値であることは，数列 $a_1, a_2, a_3, \cdots$ が下に有界で単調非増加であるとすれば，符号を逆にした $-a_1, -a_2, -a_3, \cdots$ は上に有界な単調非減少数列だから，極限値が存在する．その極限値を $-a$ とすれば，$a_1, a_2, a_3, \cdots$ は a に収束する．また，逆も，同様に示すことができるからである．この定理の証明は電子ファイルにおいて示す．

単調増加数列は単調非減少数列だから，上に有界な単調増加数列は極限値が存在する．また，単調減少数列は単調非増加数列だから，下に有界な単調減少数列は極限値が存在する．さらに，単調増加数列，単調減少数列，単調非増加数列，単調非減少数列を総称して，**単調数列**と呼ぶことにすれば，次のようにまとめていうことができる．

有界な単調数列は極限値が存在する．

10.2 収束部分列

無限数列が与えられたとき，その項を飛び飛びにとって並べた無限数列をもとの数列の**部分列**という．数列

$$a_1, a_2, a_3, \cdots, a_n, \cdots$$

の部分列は自然数の増大列 $k_1, k_2, k_3, \cdots, k_n, \cdots$ でもって，

$$a_{k_1}, a_{k_2}, a_{k_3}, \cdots, a_{k_n}, \cdots$$

と表すことができる．実数の連続性（10.1 節）を用いると次の定理がなりたつ．

定理 10.2. 有界な数列は収束する部分列を持つ．

この定理の証明は電子ファイルにおいて示す．

10.3 コーシー列

実数列 $a_1, a_2, \cdots, a_n, \cdots$ がコーシー列であるとは，

任意の正数ϵに対して, $n, m \geq N$ ならば, $|a_n - a_m| < \epsilon$

となるような自然数 N が存在することである（一般にこの自然数 N は $\epsilon > 0$ に関係する）．

定理 10.3. 収束する数列 $a_1, a_2, \cdots, a_n, \cdots$ はコーシー列である．

この定理の証明は電子ファイルにおいて示す．実数の連続性を用いることにより，逆がなりたつことを示すのが次の定理である．

定理 10.4. コーシー列は収束する．

この定理の証明は電子ファイルにおいて示す．
これまで 4 つの命題
(1) 上に有界な実数の集合には上限が存在する．
(2) 上に有界な単調非減少数列は収束する．
(3) 有界な数列には収束する部分列がとれる．
(4) コーシー列は収束する．
について, (1) と (2) は同値であること，実数の連続性 (1) から, (3) と (4) を導くことができることを示した．実は, (3) がなりたてば, (2) がなりたつこと, および, (4) がなりたつならば, (2) がなりたつことを示すことができる．したがって, (1),(2),(3),(4) は互いに同値な命題である. (3) から (2) を導く証明と (4) から (2) を導く証明は電子ファイルにおいて示す．

10.4 有限被覆

実数 x を中心とする長さ 2δ $(\delta > 0)$ の開区間を記号 $U_\delta(x) = (x - \delta, x + \delta)$ で表すものとする．

定理 10.5. 閉区間 $[a, b]$ の各点 x を中心とする x に依存した長さ $2\delta(x)$ の開区間 $U_{\delta(x)}(x) = (x - \delta(x), x + \delta(x))$ が与えられているとき, $[a, b]$ はこのうちの有限個 $U_{\delta(x_1)}(x_1), U_{\delta(x_2)}(x_2), \cdots, U_{\delta(x_k)}(x_k)$ の和集合の部分集合になる．
このことを, $[a, b]$ は $U_{\delta(x)}(x)$ $(a \leq x \leq b)$ の有限個で**被覆**（カバー）できるという．

この定理の証明は電子ファイルにおいて示す．

10.5 デデキント切断

実数の連続性はデデキント切断と呼ばれる概念を用いて表現することができる．それは実数の連続性という用語に最もふさわしい表現だともいえる．
次の性質 (1),(2),(3),(4) をみたす実数の集合 R_- と R_+ を与えることを**デデキント切断**という．
(1) R_- に属する数よりも小さい数は R_- に属する．

10.5. デデキント切断

(2) R_+ に属する数よりも大きい数は R_+ に属する.
(3) R_- と R_+ とのどちらにも属する数はない. すなわち, $R_- \cap R_+ = \emptyset$.
(4) すべての実数は R_- または R_+ に属する. すなわち, $R_- \cup R_+ = R$.

デデキント切断 R_-, R_+ において, $x \in R_-, y \in R_+$ ならば, $x < y$ がなりたつ. なぜなら, $x \geqq y$ とすると, (3) より, $x \neq y$ だから, $x > y$ となる. ゆえに, (1) より, $y \in R_-$ となり, (3) に矛盾するからである.

デデキント切断 R_-, R_+ において, 次の4つの場合が考えられる.

(5) R_- に最大値があり, R_+ に最小値がない.
(6) R_- に最大値がなく, R_+ に最小値がある.
(7) R_- に最大値がなく, R_+ に最小値がない.
(8) R_- に最大値があり, R_+ に最小値がある.

このうち (8) は起こらない. なぜなら, x_0 を R_- の最大値とし, y_0 を R_+ の最小値とすると, $x_0 < \frac{x_0+y_0}{2} < y_0$ だから, 中点 $\frac{x_0+y_0}{2}$ は (4) より, R_- または R_+ のいずれかに属することになるが, R_- に属するとすれば, x_0 が R_- の最大値であることに矛盾し, R_+ に属するとすれば, x_0 が R_+ の最小値であることに矛盾する. したがって, (8) は起こらない.

次をデデキント切断を用いた実数の連続性の公理という.

デデキント切断を用いた実数の連続性の公理　デデキント切断 R_-, R_+ において, (7) は起こらない, つまり, (5) または (6) のどちらか一方が起こる.

実数の連続性の公理とデデキント切断を用いた実数の連続性の公理が同値であることの証明は電子ファイルにおいて示す.

2乗すると2になる正数 ($\sqrt{2}$ のこと) の存在は, 普通は, 関数 $y = x^2$ のグラフと関数 $y = 2$ のグラフの交点の存在 (連続関数の中間値の定理 (定理 10.8)) で示すが, これをデデキント切断を用いた実数の連続性の公理を用いて次のように示すことができる.

2乗すると2よりも大きい正数の全体の集合を A_+ で表し, 2乗すると2よりも小さい正数の全体と0と負数の全体を合わせた集合を A_- で表す.

$a \in A_-, a > 0$ とし, $b = \frac{4a}{a^2+2}$ とおくと,

$$a - b = \frac{a(a^2+2) - 4a}{a^2+2} = \frac{a(a^2-2)}{a^2+2} < 0$$

$$2 - b^2 = \frac{2(a^2+2)^2 - 16a^2}{(a^2+2)^2} = \frac{2(a^2-2)^2}{(a^2+2)^2} > 0$$

だから, $b \in A_-$ であり, $b > a$ となる. このことは, A_- が最大値を持たないことを意味する. $a \in A_+$ とし, $b = \frac{a^2+2}{2a}$ とおくと,

$$b - a = \frac{2 - a^2}{2a} < 0$$

$$b^2 - 2 = \frac{(a^2+2)^2 - 4a^2}{4a^2} = \frac{(a^2-2)^2}{4a^2} > 0$$

だから，$b \in A_+$ であり，$0 < b < a$ となる．このことは A_+ が最小値を持たないことを意味する．

以上より，A_-, A_+ はデデキント切断でないということになる．A_+, A_- はデデキント切断の性質 (1),(2),(3) をみたすことは明らかだから，(4) をみたさないということになる．つまり，A_- にも，A_+ にも属さない実数があることになる．2 乗すると 2 よりも大きな正数は A_+ に属し，2 乗すると 2 よりも小さい正数は A_- に属するので，どちらにも属さない正数は，2 乗すると 2 に等しい正数 $\sqrt{2}$ にほかならない．

10.6 連続関数の性質

本節では連続関数の基本的な性質を証明する．いずれの定理の証明においても，実数の連続性が重要な役割を果たす．

定理 10.6. 閉区間 $[a, b]$ で定義された連続関数 $f(x)$ の値域は有界である．すなわち，$a \leqq x \leqq b$ をみたすすべての x について，$-K \leqq f(x) \leqq K$ をみたす数 K が存在する．

この定理の証明は電子ファイルにおいて示す．

閉区間 $[a, b]$ で定義された関数 $f(x)$ が $x = c$ $(a \leqq c \leqq b)$ で**最大値**をとるとは，$a \leqq x \leqq b$ をみたすすべての x について，$f(x) \leqq f(c)$ がなりたつことである．閉区間 $[a, b]$ で定義された関数 $f(x)$ が $x = c$ $(a \leqq c \leqq b)$ で**最小値**をとるとは，$a \leqq x \leqq b$ をみたすすべての x について，$f(x) \geqq f(c)$ がなりたつことである．

定理 10.7 (最大値・最小値の存在定理)**.** 閉区間 $[a, b]$ で定義された連続関数 $f(x)$ は $[a, b]$ の中に最大値をとる点と最小値をとる点が存在する．

この定理の証明は電子ファイルにおいて示す．

定理 10.8 (中間値の定理)**.** 閉区間 $[a, b]$ で定義された連続関数 $f(x)$ について，$f(a) < M < f(b)$，または $f(a) > M > f(b)$ がなりたつとき，$f(c) = M$ をみたす c $(a \leqq c \leqq b)$ が存在する．

この定理の証明は電子ファイルにおいて示す．

関数 $f(x)$ が $x = c$ で連続とは，$\lim_{x \to c} f(x) = f(c)$ がなりたつこと，すなわち，任意の正数 ϵ に対して，$|x - c| < \delta$ ならば，$|f(x) - f(c)| < \epsilon$ をみたす正数 δ がとれることであった．この正数 δ は点 c に関係して定まるのが一般的である．ところが，閉区間のすべての点で連続である場合は，正数 δ を点に関係なくとることができるというのが，次の定理であり，この定理は連続関数の定積分において重要な役割を果たす．

定理 10.9 (一様連続性の定理)**.** 閉区間 $[a, b]$ で定義された連続関数 $f(x)$ について，正数 ϵ に対して，

$$|x-x'|<\delta,\ a\leqq x, x'\leqq b\ ならば,\ |f(x)-f(x')|<\epsilon$$

をみたす正数 δ が存在する．

この定理の証明は電子ファイルにおいて示す．

10.7　座標平面上の有界閉集合

4 つの実数 $-\infty<a<b<\infty,\ -\infty<c<d<\infty$ で定まる座標平面の集合

$$[a,b]\times[c,d]=\{\,(x,y)\mid a\leqq x\leqq b,\ c\leqq y\leqq d\,\}$$

を**閉長方形集合**と呼ぶことにする．閉と付いているのはあとで述べる閉集合になっているからである．座標平面上の集合は，それを含む閉長方形集合があるとき，**有界集合**であるという．座標平面上の集合 D が**閉集合**であるとは，D に属する点列が収束するならば，収束点もまた D に属する，すなわち，性質

$$(a_n,b_n)\in D,\ n=1,2,3,\cdots,\ かつ,\ \lim_{n\to\infty}(a_n,b_n)=(a_0,b_0)\ ならば, (a_0,b_0)\in D$$

がなりたつことである．

例題 10.1. $a>0$ とするとき，集合 $D=\{\,(x,y)\mid x^2+y^2\leqq a^2\,\}$ は有界閉集合であることを示せ．

【解答】 D は閉長方形集合 $[-a,a]\times[-a,a]$ に含まれるから有界集合である．また，$(a_n,b_n)\in D,\ n=1,2,3,\cdots,\ \lim_{n\to\infty}(a_n,b_n)=(a_0,b_0)$ とすれば，$a_n^2+b_n^2\leqq a^2,\ n=1,2,3,\cdots$ がなりたつ．定理 9.3 より，$a_0^2+b_0^2=\lim_{n\to\infty}(a_n^2+b_n^2)\leqq a^2$ がなりたつから，$(a_0,b_0)\in D$ となり，D は閉集合である． ∎

例題 10.2. $a>0$ とするとき，集合 $D=\{\,(x,y)\mid x^2+y^2=a^2\,\}$ は有界閉集合であることを示せ．

【解答】 D は閉長方形集合 $[-a,a]\times[-a,a]$ に含まれるから有界集合である．また，$(a_n,b_n)\in D,\ n=1,2,3,\cdots,\ \lim_{n\to\infty}(a_n,b_n)=(a_0,b_0)$ とすれば，$a_n^2+b_n^2=a^2,\ n=1,2,3,\cdots$ がなりたつ．定理 9.3 より，$a_0^2+b_0^2=\lim_{n\to\infty}(a_n^2+b_n^2)=a^2$ がなりたつから，$(a_0,b_0)\in D$ となり，F は閉集合である． ∎

例題 10.3. 閉区間 $[a,b]$ 上で定義された 2 つの連続な関数 $g(x),h(x)$（ただし，$h(x)\leqq g(x)\ (a\leqq x\leqq b)$）で挟まれた座標平面の集合

$$D=\{\,(x,y)\mid h(x)\leqq y\leqq g(x),\ a\leqq x\leqq b\,\}$$

は閉集合であることを示せ．

【解答】 連続関数 $h(x)$ の最小値を c とし，連続関数 $g(x)$ の最大値を d とすれば，D は閉長方形集合 $[a,b] \times [c,d]$ に含まれるから有界集合である．また，$(a_n, b_n) \in D$, $n = 1, 2, 3, \cdots$, $\lim_{n \to \infty}(a_n, b_n) = (a_0, b_0)$ とすれば，$a \leqq a_n \leqq b$, $n = 1, 2, 3 \cdots$ だから，定理 9.3 より，$a \leqq a_0 \leqq b$ がなりたつ．$h(a_n) \leqq b_n \leqq g(a_n)$, $n = 1, 2, 3, \cdots$ であり，$\lim_{n \to \infty} h(a_n) = h(a_0)$, $\lim_{n \to \infty} g(a_n) = g(a_0)$, $\lim_{n \to \infty} b_n = b_0$ だから，定理 9.3 より，$h(a_0) \leqq b_0 \leqq g(a_0)$ がなりたつ．すなわち，$(a_0, b_0) \in D$ となり，D は閉集合である． ∎

定理 10.10. 閉長方形集合 $[a,b] \times [c,d]$ に属する無限点列 (p_n, q_n), $n = 1, 2, 3, \cdots$ は収束する部分点列を持つ．

この定理の証明は電子ファイルにおいて示す．

座標平面上の点 (p, q) と $\delta > 0$ に対して，座標平面上の集合

$$U_\delta(p, q) = \{\, (x, y) \mid \sqrt{(x-p)^2 + (y-q)^2} < \delta \,\}$$

を点 (p, q) を中心とする半径 δ の**開球**と呼ぶことにする．

定理 10.11. 座標平面上の有界閉集合 D の各点 (x, y) に，その点を中心とする（点 (x,y) に依存する）半径 $\delta(x,y)$ の開球 $U_{\delta(x,y)}(x,y)$ が与えられているとき，そのうちの有限個の開球 $U_{\delta(x_1,y_1)}(x_1,y_1), U_{\delta(x_2,y_2)}(x_2,y_2), \cdots, U_{\delta(x_k,y_k)}(x_k,y_k)$ を取り出して，D がそれら有限個の開球の和集合の部分集合となるようにできる．このことを，D は $U_{\delta(x,y)}(x,y)$ の有限個で**被覆**（カバー）できるという．

この定理の証明は電子ファイルにおいて示す．

10.8 2 変数連続関数の性質

閉長方形集合で定義された 2 変数の連続な関数についても，値の集合が有界であること，最大値と最小値が存在すること，および，一様連続性を 1 変数の場合（定理 10.9）と同じように示すことができる．

定理 10.12 (2 変数連続関数の値の集合の有界性). 有界閉集合 D で定義された連続関数 $f(x,y)$ の値域は有界である．すなわち，すべての $(x,y) \in D$ について，$-K \leqq f(x,y) \leqq K$ をみたすような正数 K が存在する．

この定理の証明は電子ファイルにおいて示す．

定理 10.13 (2 変数連続関数の最大値・最小値の存在定理). 有界閉集合 D で定義された連続関数 $f(x,y)$ には最大値をとる点と最小値をとる点が存在する．

この定理の証明は電子ファイルにおいて示す．

定理 10.14 (2 変数連続関数の一様連続性の定理). 有界閉集合 D で定義された連続

10.8. 2変数連続関数の性質

関数 $f(x,y)$ について,正数 ϵ に対して,
$\sqrt{(x-x')^2+(y-y')^2}<\delta,\ (x,y)\in D,\ (x',y')\in D$ ならば,$|f(x,y)-f(x',y')|<\epsilon$
をみたす正数 δ が存在する.

この定理の証明は電子ファイルにおいて示す.

索引

あ行

アークコサイン関数, 65
アークサイン関数, 65
アークタンジェント関数, 65
鞍点, 124

1次近似式, 74
1次結合, 53
1次式, 10
1次変換, 131
一様連続性の定理, 162, 164
1階線形微分方程式, 94
1対1, 61
一般項, 20
イプシロンエヌ論法, 154
イプシロンデルタ論法, 151
陰関数, 127
陰関数の存在定理, 127
因数定理, 12
インバースコサイン関数, 64
インバースサイン関数, 64
インバースタンジェント関数, 65

上に有界, 18, 158, 159

x 軸, 24, 111
n 次式, 10
n 次導関数, 69
n 重積分, 148
n 乗, 28

か行

カージオイド, 109
開球, 164
開区間, 16
階乗, 14
ガウス記号, 153
下界, 19, 158
下限, 19, 158
過剰積分, 103
カバー, 164
可付番無限集合, 5
関数, 22
関数記号, 22

極限値, 25
逆関数, 61
逆関数の微分公式, 62
逆三角関数, 65
狭義単調減少, 159
狭義単調増加, 159
共役複素数, 38
行列式の値, 122
極座標変換, 141
極小値, 73, 77, 124
曲線, 106
曲線の長さ, 107
極大値, 73, 77, 124
極値, 75, 124
曲面, 144
曲面積, 144
虚軸, 39
虚数単位, 38

索　引

組み合わせの個数, 15
グラフ, 25, 112

原始関数, 81
原点, 20

高位の無限小, 74, 76, 113
合成関数, 54, 112
合成関数の微分公式, 54
合成関数の偏微分公式, 116
コーシー列, 159
コサイン関数, 43
弧度法, 44
固有値, 122

　　さ　行

サイクロイド, 108
最小値, 17
最大値, 17
最大値・最小値の存在定理, 27, 162, 164
サイン関数, 43
座標, 21, 24, 111
座標空間, 111
座標平面, 24
三角比, 44
3 次式, 10
360 度法, 44

C^n 級, 78
C^2 級, 75, 119
C^1 級, 73, 116
指数関数, 32
自然数, 1
自然対数, 38

下に有界, 19, 158, 159
実行列, 122
実軸, 39
実数, 5
実数の連続性の公理, 19, 20
従属変数, 22
瞬間変化率, 59
上界, 17, 158
上限, 18, 158
常用対数, 38
剰余の定理, 12

数直線, 20
数列の極限値, 20

整数, 4
成分, 140, 143
積分可能, 103
積分定数, 82
接線の方程式, 75
z 軸, 111
漸化式, 91
全微分可能, 115
増分, 60

　　た　行

対称行列, 123
対数, 33
代数, 7
対数関数, 36
対数メモリ, 35
多項式, 11
縦軸, 24
単位点, 20
タンジェント関数, 48

単調減少, 32, 72, 158
単調数列, 159
単調増加, 32, 158
単調増大, 72
単調非減少, 158
単調非増加, 159

値域, 23
置換積分の公式, 100, 141
中間値の定理, 27, 162
直交行列, 122

底, 32, 33, 36
定義域, 23
定義関数, 138
定数変化法, 95
定積分, 98, 103
テーラーの定理, 78
デデキント切断, 160
転置行列, 121

導関数, 50
同次形微分方程式, 94
特性方程式, 122
独立変数, 22

な 行

長さ確定, 107

2 項係数, 15
2 項定理, 14
2 項展開, 14
2 次近似式, 76, 121
2 次式, 10
2 次導関数, 68

2 次の行列式, 122
2 次偏導関数, 118
2 重積分, 132
2 重積分可能, 137, 139
2 重積分の値, 137
2 変数関数, 110

ネイピアの数, 37

は 行

パスカルの三角形, 14
発散, 79
半開区間, 16

微積分学の基本定理, 106
被積分関数, 83
左極限値, 25
左連続, 26, 71
被覆, 160, 164
微分, 61
微分可能, 50
微分係数, 50
微分方程式, 92

複素数, 38
複素数の虚部, 38
複素数の実部, 38
複素数の絶対値, 38
複素平面, 39
不足積分, 103
不定形の極限値, 79
不定積分, 82
部分積分の公式, 99
部分列, 159
分割, 102, 136

分配の法則, 9

平均値の定理, 71
閉区間, 16
閉集合, 163
閉長方形集合, 163
変曲点, 77
変数分離形微分方程式, 93
変数分離する, 92
偏積分, 133
偏導関数, 110
偏微分可能, 111
偏微分係数, 111
偏微分する, 110

ま 行

右極限値, 25
右連続, 26, 71
未知関数, 92
無限循環小数, 2
無限大, 16
無理数, 4

面積確定, 144

や 行

ヤコビアン, 140
矢線ベクトル, 140, 143
有界, 158
有界集合, 163
有限小数, 1
有理数, 4
横軸, 24

ら 行

ラグランジュの未定乗数法, 128
ラジアン, 44
累次積分, 133
0 次式, 12
連続, 26, 27, 115
ローレンツ変換, 131
ロピタルの定理, 79

わ 行

y 軸, 24, 111

著者略歴

押 川 元 重
（おしかわ もと しげ）

1939 年　宮崎県生まれ
1961 年　九州大学理学部卒業
1963 年　九州大学大学院理学研究科修士課程修了
現　　在　九州大学名誉教授　放送大学客員教授
　　　　　理学博士（九州大学）

主要著書

基礎線形代数（3訂版）（共著 培風館）1991
統計データ解析入門（培風館）2005
初歩からの微積分（共著 放送大学教育振興会）2006

サイエンスライブラリ　数　学=34

テキスト 微分積分
——電子ファイルがサポートする学習——

2013 年 4 月 10 日 ©　　　　　　　初 版 発 行

著　者　押 川 元 重　　　発行者　木 下 敏 孝
　　　　　　　　　　　　印刷者　杉 井 康 之
　　　　　　　　　　　　製本者　関 川 安 博

発行所　株式会社　サ イ エ ン ス 社

〒151-0051　東京都渋谷区千駄ヶ谷1丁目3番25号
営業　☎（03）5474-8500（代）　振替 00170-7-2387
編集　☎（03）5474-8600（代）　FAX（03）5474-8900

印刷　（株）ディグ　　　　　製本　関川製本所

《検印省略》
本書の内容を無断で複写複製することは，著作者および
出版者の権利を侵害することがありますので，その場合
にはあらかじめ小社あて許諾をお求め下さい．

サイエンス社のホームページのご案内
http://www.saiensu.co.jp
ご意見・ご要望は
rikei@saiensu.co.jp　まで．

ISBN978-4-7819-1322-3
PRINTED IN JAPAN

基本演習	**微分積分**
	寺田・坂田共著　２色刷・Ａ５・本体1600円

理工基礎 **演習　微分積分**
　　　　　米田　元著　２色刷・Ａ５・本体1850円

基礎演習　微分積分
　　　　　金子・竹尾共著　２色刷・Ａ５・本体1850円

詳解演習 **微分積分**
　　　　　水田義弘著　２色刷・Ａ５・本体2200円

基本演習 **線形代数**
　　　　　寺田・木村共著　２色刷・Ａ５・本体1700円

線形代数演習［新訂版］
　　　　　横井・尼野共著　Ａ５・本体1980円

詳解演習 **線形代数**
　　　　　水田義弘著　２色刷・Ａ５・本体2100円

＊表示価格は全て税抜きです．

サイエンス社

═══ 新・演習数学ライブラリ ═══

演習と応用 **線形代数**
　　　　　寺田・木村共著　2色刷・A5・本体1700円

演習と応用 **微分積分**
　　　　　寺田・坂田共著　2色刷・A5・本体1700円

演習と応用 **微分方程式**
　　　　　寺田・坂田・曽布川共著　2色刷・A5・本体1800円

演習と応用 **関数論**
　　　　　寺田・田中共著　2色刷・A5・本体1600円

演習と応用 **ベクトル解析**
　　　　　寺田・福田共著　2色刷・A5・本体1700円

＊表示価格は全て税抜きです．

═══ サイエンス社 ═══

━━━━━━━━━━━ 新版 演習数学ライブラリ ━━━━━━━━━━━

新版 演習線形代数
寺田文行著　2色刷・A5・本体1980円

新版 演習微分積分
寺田・坂田共著　2色刷・A5・本体1850円

新版 演習微分方程式
寺田・坂田共著　2色刷・A5・本体1900円

新版 演習ベクトル解析
寺田・坂田共著　2色刷・A5・本体1700円

＊表示価格は全て税抜きです．

━━━━━━━━━━━ サイエンス社 ━━━━━━━━━━━